产 品 设 计 基 础 课

产品结构设计与典型案例

魏加兴 主编

化学工业出版社

·北京·

内容简介

本书针对产品设计（工业设计）专业的学生编写，主要包括产品结构设计概述、连接结构、弹性元件、运动机构、折叠结构、常用动力装置、连续运动机构、往复运动机构、间歇运动机构、螺旋机构和综合案例分析等内容。通过生活中的实际产品对设计原理进行可视化解读，同时配以图片、典型案例，对常见产品结构和典型整机产品进行剖析讲解，让学生更好地掌握产品结构设计的理论知识。

本书既有系统的理论阐述，又有较强的专业针对性，在讲授专业知识的同时，有机融入了课程思政元素，有利于培养学生的家国情怀，提高道德素养。本书可作为各大院校产品设计（工业设计）专业核心课程"产品结构设计"或"工程技术基础"的教学用书，也可以作为机械类专业师生、产品设计从业人员的参考资料。

随书附赠资源，请访问 https://www.cip.com.cn/Service/Download 下载。

在如右图所示位置，输入"42892"点击"搜索资源"即可进入下载页面。

图书在版编目（CIP）数据

产品结构设计与典型案例 / 魏加兴主编. —北京：化学工业出版社，2023.4（2024.11重印）
（产品设计基础课）
ISBN 978-7-122-42892-9

Ⅰ.①产… Ⅱ.①魏… Ⅲ.①产品结构-结构设计-案例
Ⅳ.① TB472

中国国家版本馆 CIP 数据核字（2023）第 022618 号

责任编辑：陈景薇 吕梦瑶 冯国庆　　　　　　装帧设计：韩　飞
责任校对：王　静

出版发行：化学工业出版社（北京市东城区青年湖南街13号　邮政编码100011）
印　　装：北京宝隆世纪印刷有限公司
787mm×1092mm　1/16　印张12　字数230千字　2024年11月北京第1版第2次印刷

购书咨询：010-64518888　　　　　　　　　售后服务：010-64518899
网　　址：http://www.cip.com.cn
凡购买本书，如有缺损质量问题，本社销售中心负责调换。

定　　价：68.00元

　　"产品结构设计"是产品设计专业的一门核心专业课，课程的开设目的是为学生从事产品设计打下扎实的技术基础。通过该课程的学习使学生掌握产品设计中的结构设计原理和常用处理方法，使学生具备分析产品设计方案结构可行性的能力和产品结构创新设计的能力。

　　党的二十大报告提出"用社会主义核心价值观铸魂育人，完善思想政治工作体系，推进大中小学思想政治教育一体化建设"。本书在写作过程中，特别注重立德树人的理念，融入了大量的课程思政元素，将学科内容和课程思政结合起来，让学生在掌握产品结构设计的同时，感受国家的巨大进步，激发学生的民族自豪感和家国情怀，培养学生的工匠精神、协同合作意识与奉献精神、勇于创新的科学求知精神等，以实现育人与育才相结合的目标。

　　本书共11章，第1章是产品结构设计概述，主要介绍了产品结构设计的概念、产品结构的功能和应用，使学生了解产品结构的组成、产品结构与产品的关系，能够运用产品结构设计理念系统地思考产品设计。第2章是连接结构，主要介绍了连接结构的种类与适用条件，使学生熟练掌握各连接结构的方式和特点，选择合理的连接结构实现产品功能，利用连接结构进行产品功能创新设计。第3章是弹性元件，主要介绍了弹性元件的功用，使学生掌握常用弹性元件的分类和特点、弹簧的结构特点与适用场合，具备选择合理的弹性元件以实现产品所需功能的能力、利用弹性元件进行产品功能创新设计的能力。第4章是运动机构，主要介绍了机构要素与表示方法，机构运动简图的绘制方法，使学生掌握绘制标准的机构运动简图的方法，以表达机构的组成和工作原理。第5章是折叠结构，主要介绍了折叠结构的定义、折叠结构中运动副的应用、折叠结构的分类与应用，使学生具备分析实际产品中折叠结构的应用与工作原理的能力、利用折叠结构进行产品创新思考与设计的能力。第6章是常用动力装置，主要介绍了各种电动机的特点与适用产品，液压动力装置的特点、组成与应用，气压动力装置的特点、组成与应用，使学生能够在产品设计中选择合适的动力装置。第7章是连续运动机构，主要介绍了各连续运动机构的组成、特点，以及各连续运动机构的产品设计应用，使学生具备分析连续运动机构在实际产品中的作用的能力、利用连续运动机构进行产品创新思考与设计的能力。第8章是往复运动机构，主要介绍了各往复运动机构的组成、特点、产品设计应用，使学生具备分析往复运动机构在产品中的作用的能力、利用往复运动机构进行产品创新思考与设计的能力。第9章是间歇运动机构，主要介绍了各间歇运动机构的组成、特点、产品设计应用，使学生具备分析间歇运动机构在产品中的作用的能力、利用间歇运动机构进行产品创新思考与设计的能力。第10章是螺旋机构，主要介绍了各螺旋机构的组成、特点、产品设计应用，使学生具备分析螺旋机构在产品中的作用的能力、利用螺旋机构进行产品创新思考与设计的能力。第11章是综合案例分析，主要介绍了典型产品中的运动机构工作原理、不同运动机构在产品设计中的综合应用，使学生具备分析产品整机运动机构工作原理的能力、综合利用各运动机构以及多种运动机构的直接配合进行产品创新思考与设计的能力。

整体来看，本书具有以下四个方面的特点。

① 融入课程思政元素，树立学生良好的文化自信。本书选用了大量中国传统造物，通过对传统造物的分析进行产品结构设计知识介绍的同时，让学生懂得文化传承，并树立文化自信。

② 本书按照产品结构和机构运动方式分配章节，条理更加清晰地介绍了实现同一功能或运动方式的不同结构，以及各种结构的优缺点，便于学生在结构设计中进行方案的选择与对比。

③ 本书通过由原理到应用，再到案例剖析的流程安排内容，深入浅出地介绍了产品结构设计原理与创新设计应用。

④ 通过图片和生活中常见的案例，直观地剖析常见结构原理及其在典型整体产品设计中的创新应用。

本书可作为各大院校产品设计和工业设计专业核心课程"产品结构设计"或"工程技术基础"的教学用书，也可作为机械类专业师生、产品设计从业人员的参考资料。

本书由魏加兴主编，桂林电子科技大学的杨晓清、王鑫、曹成明参与编写。由于作者能力有限，书中可能存在不足之处，敬请读者见谅，并提出您宝贵的意见，谢谢。

编　者

/ 目录

第 1 章
/ 产品结构设计概述

/ 知识体系图

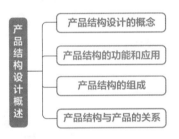

/ 学习目标

知识目标

1. 了解产品结构设计的概念。

2. 了解产品结构的功能和应用。

3. 了解产品结构的组成。

4. 了解产品结构与产品的关系。

技能目标

能够运用产品结构设计理念系统地思考产品设计。

/ 1.1 / 产品结构设计的概念

结：其本义是用线、绳、草等条状物打结或编织，引申指连接和结交等。

构：本意是结成、组合、造。

结构：构成整体的各个部分及其结合方式；建筑物承受重量和外力的部分及其

构造。

产品的结构及机构就是产品的"骨骼""肌肉"与"皮肤",即产品内部骨架及安装结构、产品运动机构、产品外部及连接结构等。产品结构对于产品主要起到包装、支撑、安装、连接等作用;而产品机构主要起到完成运动、完成空间动作、产生功能等作用。

如图 1-1 所示为汽车的基本结构。汽车一般包括发动机、底盘、车身和电气设备四个部分。作为动力装置的发动机是汽车的"心脏",其作用是将燃料燃烧的热能转化为动能,通过底盘的传动系统驱动汽车行驶。底盘包括传动系统、行驶系统、转向系统和制动系统四部分,其作用是支撑车身,接收发动机产生的动力,保证汽车正常行驶。底盘是汽车的"骨骼"和"肌肉"。车身包括车体框架、外观件、内饰件等部分,其作用是容纳和保护人或者货物。车身是汽车的"骨骼"和"肌肤"。电气设备包括电源、发动机启动系统以及汽车照明等用电设备等。电气设备是镶嵌在其他三个部分之中的,编制成一张密密麻麻的网,将汽车的各个机构连接在一起,同时又像指挥官一样,协调着各部分的工作。电气设备是汽车的"神经系统"。

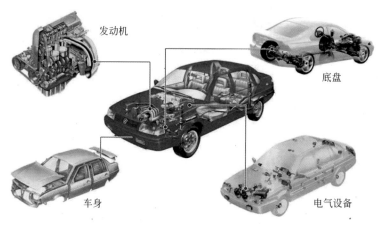

图 1-1　汽车的基本结构

从产品设计的角度,可以将结构解释为构成产品的部件形式及部件间组合连接的方式。结构设计则是为了实现某种功能或适应某种材料而设计或改变产品部件形式及部件间组合连接方式。产品结构设计是针对产品内部结构、机械部分的设计。产品各项功能的实现取决于产品结构设计的合理性与科学性。产品结构设计是整个产品设计过程中最复杂的一个环节,在产品实现过程中,起着至关重要的作用。设计者既要构想如何利用一系列关联零件来实现产品功能,又要考虑产品结构紧凑、外形美观;既要做好产品创新、保证产品安全,又要把控产品的成本。

/ 1.2 / 产品结构的功能和应用

产品结构设计是现代产品发展的基础和必不可少的组成部分。想将各类科学的最新成果和先进的技术转化为具有实用价值的产品，必须有外壳结构、机械系统、安装结构系统等硬件的支持才能实现。现代产品结构和机构种类繁多，各自的功能和作用也不尽相同，但可概括为机架和支撑系统与动力传动系统。

（1）机架和支撑系统

通过底盘、机壳等各种基体零部件和紧固件的组合，构成设备中各机构的机架和支撑系统，满足产品中各组件、元器件的刚性或弹性连接、固定或相对运动的需求。

（2）动力传动系统

由动力装置和传动机构组成产品中特定的动力传动系统，实现能量、运动、信息的转换、传递、控制、显示、记录，完成产品功能所设计的各种动作。

如图 1-2 所示为鼠标结构，鼠标的上下壳配合实现了鼠标造型的同时，也完成了鼠标内部二极管、芯片、滚轮等零部件的固定和相对运动。

如图 1-3 所示为 3D 打印机，3D 打印机是由机械、控制及计算机技术等组成的机电一体化产品，主要部件由 X-Y-Z 运动系统、喷头结构、数控模块、成型环境模块等组成。X-Y-Z 运动是 3D 打印机进行三维制件的基本条件。牢固的机架保证了喷头在伺服电动机的驱动下实现精确的三个方向上的运动，进而完成三维模型的打印。

图 1-2　鼠标结构

图 1-3　3D 打印机

/ 1.3 / 产品结构的组成

按照结构的观点，比较复杂的产品由若干零件、部件和组件组合而成。零件又称元件，是产品的基础，是组成产品的最基本成分，是一个不可分解的单一整体，是一种不采用装配工序而制成的成品。零件通常由一种材料经过所需的各种工序加工制而成。如图 1-4 所示的螺钉、如图 1-5 所示的弹簧、如图 1-6 所示的轴均为零件。

图 1-4　螺钉　　　　　　　图 1-5　弹簧　　　　　　　图 1-6　轴

部件又称器件，是生产过程中由加工好的两个或两个以上的零件，以可拆连接或永久连接的形式，按照装配图要求装配而成的一个单元。其目的是将产品的装配分成若干初级阶段，也可以作为独立的产品。如图 1-7 所示的滚动轴承和如图 1-8 所示的减振器均为部件。

组件又称整件，是由若干零件和部件按照装配要求装配成的一种具有完整机构和结构，能实施独立功能，能执行一定任务的装置。组件是比较复杂产品的装配过程中的高级单元，也可作为独立的产品使用。如图 1-9 所示的减速器、如图 1-10 所示的磁带机芯、录像机机芯等均为组件。

图 1-7　滚动轴承　　图 1-8　减振器　　图 1-9　减速器　　图 1-10　磁带机芯

整机是由若干组件、部件和零件按总装配图要求，装配成的完整的产品。整机能完成技术条件规定的复杂任务和功能，并配备一切配套附件。如图 1-11 所示的电影放映机、如图 1-12 所示的电话机、如图 1-13 所示的摄像机、复印机均为整机。

图 1-11　电影放映机　　　　图 1-12　电话机　　　　图 1-13　摄像机

/ 1.4 / 产品结构与产品的关系

产品结构设计就是要根据产品的功能原理确定构件的材料、形状、尺寸、加工工艺和装配方法等。产品结构设计是将产品设计的创意和构想转变为具体、实用、可行的产品的关键步骤。一般来说，产品结构设计属于工程师的设计范畴，但由于形态与结构的关系密切，设计师对产品结构设计的特点必须有充分的了解，只有这样在造型设计上才能有的放矢，在简单、实用、经济的原则基础上，充分表达所要构思的艺术形象，使产品在美与实用之间达到完美的平衡。

在工业产品设计中，产品结构是整个产品构成中最重要的部分之一，它与产品的造型、功能等要素有着不可分割的联系。虽然许多产品的结构并不明显易见，但如果缺乏结构设计这一重要环节，产品设计方案最终将成为纸上谈兵，或因各处结构细节的忽略而导致产品的功能无法实现，也可能因结构设计的不合理而导致产品的直接损坏。

视觉暂留现象是光对视网膜所产生的视觉在光停止作用后，仍保留一段时间的现象，其具体应用是电影的拍摄和放映。视觉暂留现象首先被中国人运用，走马灯便是历史记载中最早的对视觉暂留的运用。走马灯充分体现了我国古代劳动人民的智慧。在"王安石捡联获妻"的典故中，关于走马灯的一副对联如下。

上联是：走马灯，灯走马，灯熄马停步。

下联是：飞虎旗，旗飞虎，旗卷虎藏身。

成就这款产品的并不仅仅是产品本身的创意，正是产品巧妙的内部结构设计促成了产品外部神奇的动画效果。

走马灯的构成如图 1-14 所示，走马灯主要由外框、蜡烛、立轴、剪纸人马、叶轮等组成。叶轮和剪纸人马固定在立轴上，立轴安装在外框上下两横梁之间，并可自由转动。

如图 1-15 所示为走马灯的原理。点燃灯内的蜡烛，被加热的空气体积膨胀的同时密度减小，在灯筒内徐徐上升。运动的热空气便推动纸风车和立轴旋转，固定在轴上的剪纸人马也转动起来，烛光将剪纸的影子投在灯笼四壁上，剪纸不断移动，形成了灯笼四壁上投影的不断前进，从而产生动画的现象。

几乎所有的产品在生产之前都需要进行结构设计，产品各项功能的实现，完全取决于科学合理的结构设计。在产品开发过程中，结构设计工程师会在满足产品外观造型的基础上依据产品的功能进行内部结构设计，并选择合理的材料和成型工艺，将产品的各结构零件完整地设计和制造出来；同时还需考虑强度、安全标准等指标是否符合要求，并寻求合理的表面处理工艺，再将其按照设计进行组装，最终形成人们可以使用的产品。

叶轮

外框
剪纸人马
蜡烛
立轴

图 1-14　走马灯的构成

推动叶片旋转

空气受热　　上升

点燃蜡烛

图 1-15　走马灯的原理

第2章
/ 连接结构

/ 知识体系图

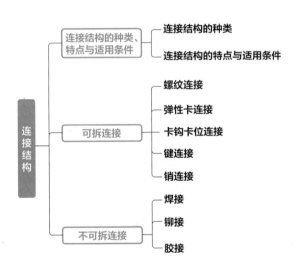

/ 学习目标

知识目标

1. 了解连接结构的种类与适用条件。

2. 掌握可拆连接结构的方式和特点。

3. 掌握不可拆连接结构的方式和特点。

技能目标

1. 熟练掌握各连接结构的方式和特点，选择合理的连接结构来实现产品功能。

2. 利用连接结构进行产品功能创新设计。

在平常生活中，有很多连接现象。计算机与鼠标之间可以连接起来，异地亲人之间通过电话可以连接起来，整个地球通过网络将你我连接起来……从产品设计的角度，可以将"连接"理解为零部件之间的衔接方式，是利用不同方式把机械零部件连成一体的技术。产品由许多零部件组成，这些零部件需要通过连接来实现产品的设计功能，因此连接是构成产品的重要环节。

/ 2.1 / 连接结构的种类、特点与适用条件

2.1.1 连接结构的种类

大多产品都是由多个零件连接组装而成的。如图 2-1 所示为不锈钢置物架，它由立柱（竹节管）、网片、锥形夹片、端面盖、支腿等组成。对于立柱，每2.5cm 有一个沟圈，可根据所需高度将锥形夹片卡在立柱沟槽上，网片通过锥形夹片紧紧卡在四根立柱上形成置物架，支腿可通过螺纹调节高度以适应不平的地板。这样设计便于生产、安装与维护，更大大降低了运输成本。

图 2-1　不锈钢置物架

产品设计中所使用的连接方式可分为可拆连接和不可拆连接两种。

可拆连接是可以多次拆装而不损坏相关零件的连接方式。连接的目的是使被连接件按设计位置固定、组合在一起形成功能单元；拆卸的目的是方便维修、维护、保管或储存等。可拆连接主要有螺纹连接、弹性卡连接、键连接、销连接等方式。

不可拆连接是指拆卸会造成相关部分损坏的连接方式，连接的目的是使被连接的部件形成一个功能整体。不可拆连接主要有焊接、铆接、胶接等方式。

2.1.2 连接结构的特点与适用条件

各种连接方式有着相应的特点与适用条件。如表 2-1 所示为常用连接方式的特点和主要用途。

表 2-1 常用连接方式的特点和主要用途

连接方式		特 点	主要用途
可拆连接	螺纹连接	构造简单，装拆方便，生产率高，成本低廉	将两板件或各类零件进行紧固连接，广泛应用于金属、塑料、木材零件之间的连接
	弹性卡接连接	安装简便，避免了螺纹、夹紧、粘贴等其他的连接方法，可重复安装和拆卸而不损伤零件	常用于频繁拆装、连接脱落影响不大的产品中，如玩具、包装、容器盖等
	键连接	构造简单，装拆方便	主要用于连接轴和轴上零件，进行周向固定以传递转矩，如齿轮、带轮、联轴器与轴的连接
	销连接	承受载荷不大	作为定位零件，以确定零件间的相互位置；起连接作用，以传递横向力或转矩；作为安全装置中的过载切断零件
不可拆连接	焊接	强度高，紧密性好，工艺简单，操作方便	将型钢和板材焊接成构架、壳体及机架等结构，广泛用于建筑、交通工具、轻工、食品机械设备
	铆接	工艺设备简单，抗震，耐冲击和牢固可靠	铆接是轻金属结构的主要连接形式，如飞机结构；也用于钢结构连接中，如起重机构架、机箱框架、汽车部件等
	胶接	与机械紧固相比，应力分布更均匀、强度高、成本低、重量轻	用于金属材料、金属与非金属材料元件间的连接，广泛应用于机床、汽车、造船、化工、仪表、航空等

/ 2.2 / 可拆连接

2.2.1 螺纹连接

（1）各种螺纹连接的特点和应用

螺纹连接是一种应用最广泛的可拆连接形式，主要用于零件之间的紧固、连接。产品中使用的螺纹连接件主要有螺栓、螺柱、螺钉、螺母、垫圈等。

不同螺纹连接方式所采用的螺纹连接件以及所适用的产品都有所不同，不同螺纹连接的特点与应用如表 2-2 所示。

表 2-2 不同螺纹连接的特点与应用

螺纹连接类型	特点与应用	连接示意图、实物图
螺栓连接	用于两个或多个较薄零件的连接。在被连接件上开有通孔。通过螺栓和螺母、垫圈的配合实现连接	

螺纹连接类型		特点与应用	连接示意图、实物图
螺柱连接		用于被连接件之一较厚，不易打通孔，又需拆卸的场合。在厚零件上加工螺纹孔，薄零件上加工光孔，螺栓拧入螺纹孔，用螺母压紧薄零件，完成连接	
螺钉连接	普通机用螺钉连接	螺钉直接拧入被连接件的螺纹孔中。用于两个被连接件中一个较厚且不需经常拆卸的产品，也可以与螺母配合使用	
	沉头螺钉	拧入零件螺纹孔中的螺钉头部沉入被连接件，沉头螺钉多用于要求外表面平整的场合，如仪表面板	
	自攻螺钉	自攻螺钉不需要螺纹孔，但一般应预先制出底孔，在拧入自攻螺钉的同时，使内螺纹成形。若采用带钻头部分的自钻自攻螺钉，则不需预制底孔	
	木螺钉	一般用于木结构的连接。根据木材硬度和木螺钉的长度，可以不预制或制出一定大小和深度的预制孔	
	紧定螺钉	利用拧入零件螺纹孔中的螺钉末端顶住另一个零件的表面或顶入另一个零件上的凹坑中，将另一个零件进行连接	

（2）螺纹连接在产品设计中的应用

螺柱、螺栓与螺母配合使用，主要用于连接要求高的结构，广泛应用于机械产品、交通工具、家居产品、玩具等。为保护被连接件表面不被螺母擦伤，常使用平垫圈以增大接触面积，分散螺母对被连接件的压力；为防止连接松动，常使用弹簧垫圈，增大螺母和螺栓之间的摩擦力。

液压三爪拉马（图2-2）是机械维修中经常使用的工具，主要用于将皮带轮、轴承或轴套从轴上拉出来。它主要由液压泵体、顶针、手柄、爪钩、爪钩座、拉片和螺栓构成。使用时，将螺杆顶尖定位于轴端顶尖孔，调整爪钩位置，使爪钩挂于被拉物外环，上下小幅度摆动手柄，液压启动杆下移，把被拉物体拉出。爪钩座又可随螺纹直接做上下移动以调节距离。爪钩与拉片、拉片与爪钩座之间通过螺栓进行连接。

在家用小型机械（如研磨机、绞肉机等）上也常用螺栓连接。如图2-3所示为家用小型手摇式研磨机，主要用于将五谷杂粮、中药材等研磨成粉，在手柄与机体、磨盘与机体等多处应用了螺栓连接。

如图 2-4 所示为电动自行车，其电池盒、减振器、脚撑、车轮等部件与车体都采用了螺栓连接。

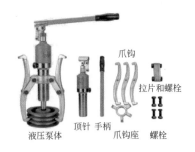

图 2-2　液压三抓拉马　　　图 2-3　家用小型手摇式研磨机　　图 2-4　电动自行车

螺钉的种类繁多，按头部形状分为平头、圆头、半圆头、圆柱头、六角头、沉头及半沉头螺钉等，按端头开槽的形状可分为十字槽、一字槽、外六角、内六角螺钉等。螺钉在机械产品、电子产品、数码产品等中均有应用，常用于产品零部件与机架（机壳）的固定、机壳的封口部等。

对金属薄板的连接，在强度要求不大的情况下可以直接在钣金上加工抽芽孔与螺钉配合连接（图2-5），在强度要求较高的情况下常在钣金上铆合立柱，再在立柱上制螺纹孔进行螺钉连接；对塑料薄壳的连接，一般是在塑料壳体上注塑出立柱，再在立柱上制出螺纹孔，对于强度要求较高的塑料件的连接，通常是在连接处内嵌带螺纹孔的金属件。

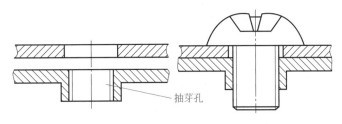

图 2-5　抽芽孔与螺钉配合的钣金连接

自攻螺钉的螺纹端呈锥状，可拧入材料内部，挤压被连接件材料，常用于塑料、木材及金属板零件等的连接固定。用于塑料或金属板零件时，应预先在零件上制作略小于螺钉的孔，材料越硬，需预制的孔越大。

机顶盒（图2-6）主要由底壳、顶板、面板和主板等组成。由于其内部承重较小，

强度要求不高，所以箱体直接由冲压而成的底壳和顶板构成。顶板与底壳以及面板与

图 2-6　机顶盒（钣金件）中的螺钉连接

底壳都采用螺钉连接。直接在底壳板上制出螺纹孔，再将面板和顶板用螺钉固定在底壳上。将带有螺纹孔的立柱铆合到底壳上，再将主板通过螺钉固定在底壳上。

如图 2-7 所示为计算机主机机箱，它主要由机架、外部面板（包括顶板、侧板、前面板等）、主板、电源、硬盘、光驱等组成。对于内部承重较大、强度要求较高的机箱来说，通常采用机架与外观面板组合的方式设计。内部机架主要起容纳与支撑的作用；外部面板则起包装与造型的作用。外部面板、主板等零部件既要固定到机架上，又要方便拆卸以便维护，很多机箱都采用螺钉连接的设计方式。

电子产品中，壳体之间的连接，机芯部件之间的连接，以及机芯与壳体的连接也经常用到螺钉。如图 2-8 所示为录音机机芯。

由于薄壁塑料件强度较低，因此塑料壳体在采用螺钉连接的时候，通常在壳体上预制立柱，再将如机芯、主板等零部件用螺钉固定到壳体上。如图 2-9 为收音机后壳。

图 2-7　计算机主机机箱　　　图 2-8　录音机机芯　　　图 2-9　收音机后壳

螺纹连接也经常应用于容器瓶盖、产品端盖、管道连接等。如图 2-10 所示是各种瓶子，如图 2-11 所示是水龙头，如图 2-12 所示是分水器。

图 2-10　各种瓶子　　　图 2-11　水龙头　　　图 2-12　分水器

2.2.2　弹性卡连接

把零件的某部分设计成具有适当弹性的形状，通过变形将弹性形状中的凸起部分嵌入另一个零件的凹槽或孔中，依靠回弹力在该处卡住，实现两个零件的固定连接，称为

弹性嵌卡连接或弹性卡连接。弹性卡连接在塑料、金属材料产品中被广泛应用。

（1）塑料壳体、盒盖的弹性卡连接结构

由于塑料易注射成型且具有足够的弹性，所以在塑料制作的产品（如家电产品、通信产品、仪器仪表等）中广泛采用弹性卡连接设计。例如在电视机壳体、手机壳体、遥控器壳体中都有弹性卡连接结构。弹性卡连接结构分为滑式、推式、翻转式和转动式。

如图 2-13 所示为滑式电池仓盖弹性卡连接，仓盖前沿的弹性挂钩和机身的凹槽都带有一定角度的斜面，向前推时钩爪被压，向下弯曲变形，当盖子前沿与盒体边沿合缝时，钩爪回弹复位，钩住盒体边沿上的凹槽，实现了仓盖闭合。需要打开仓盖时，用一定力量按压盒盖的前沿，使原来钩着的地方脱离电池仓，仓盖即可拉出。

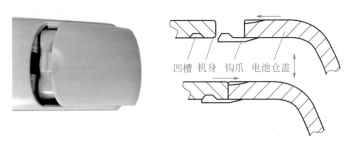

凹槽 机身 钩爪 电池仓盖

图 2-13　滑式电池仓盖弹性卡连接

滑式塑料卡接，两个连接构件之间是直线运动，装配件在锁紧前始终与基体件接触。

推式结构与滑式结构相同，也是利用弹性钩爪与凸台（凹槽）之间的咬合来实现两个零件之间的固定连接。推式弹性卡连接结构经常用于产品的上下壳之间的连接，将钩爪与凸台（凹槽）对齐，垂直零件表面施加压力使其相互咬合，实现上下壳体的连接。推式弹性卡连接的两个连接构件之间做直线运动，与滑式相比装配件和基体件在锁紧前接触时间相对较短。

如图 2-14 所示为路由器的推式弹性卡连接结构，上下两壳之间的推式弹性卡连接采用了 90° 的挂钩和 90° 的凹槽，这种结构无法拆卸。

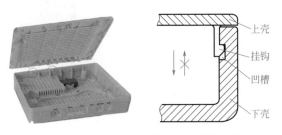

上壳
挂钩
凹槽
下壳

图 2-14　路由器的推式弹性卡连接结构

　　推式弹性卡连接有两种可拆方式。如图 2-15 所示，虽然挂钩和凹槽都设计成了直角咬合，但在下壳上设计了一个"拆卸孔"。通过"拆卸孔"将挂钩向左顶起即可与凹槽脱离，完成上下壳的拆卸。如图 2-16 所示，挂钩和凹槽的部分都设计了一定的角度斜面，便于安装和拆卸。

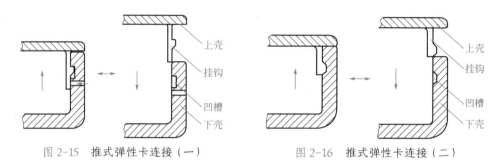

图 2-15　推式弹性卡连接（一）　　　　图 2-16　推式弹性卡连接（二）

　　如图 2-17 所示为翻转式电池仓盖的弹性卡连接形式，依靠仓盖后沿的弧形弹性卡片实现盒盖闭合与开启。

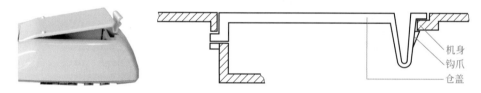

图 2-17　翻转式电池仓盖的弹性卡连接形式

　　遥控器是日常生活中常见的家电配件产品。如图 2-18 所示，空调遥控器主要由按键、上壳、主板、下壳、电池仓盖等组成。下壳有按压式弹性钩爪，使钩爪卡住壳体，上下壳通过推式弹性卡连接；主板采用螺钉连接在下壳上；电池仓盖与电池仓采用翻转式弹性卡连接。

图 2-18　空调遥控器

　　笔记本电脑的显示器和主机的锁死与开启也经常用弹性卡连接结构，一般有前后推和左右推两种方式。如图 2-19 所示为前后推式连接结构；如图 2-20 所示为左右推式连接结构。

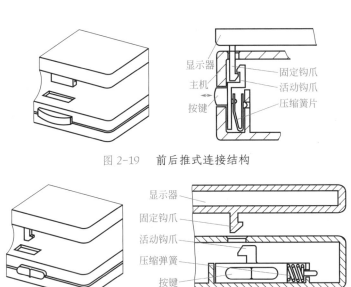

图 2-19　前后推式连接结构

显示器
主机
按键

固定钩爪
活动钩爪
压缩簧片

显示器
固定钩爪
活动钩爪
压缩弹簧
按键

图 2-20　左右推式连接结构

（2）旋转式塑料卡接结构

两个连接构件先以推的方式与基体件定位接合，再旋转直至锁紧。如图 2-21 所示，旋转式卡接的两个连接件上分别制有圆柱形凸起的卡头和 L 形的卡槽。连接时，卡头对准 L 形卡槽顶端并推至槽底，顺时针旋转至卡槽左侧锁紧。常用于瓶盖与瓶体的连接、榨汁机杯体与底座的连接、小音箱与底座的连接等。

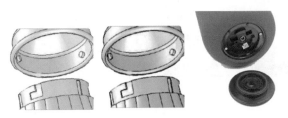

图 2-21　旋转式塑料卡接

旋转卡接在金属件上也常有使用，如金属瓶盖与玻璃瓶瓶体的连接、高压锅盖与锅体的连接、汽车油箱盖与油箱的连接等，如图 2-22 所示。

图 2-22　旋转卡接产品案例

（3）压痕弹性卡搭接结构

采用螺纹对接两管，则需在两管壁上分别制出内外螺纹，若管壁非常薄，则螺纹难以加工。压痕弹性卡搭接则是较好的替代方式，在内外管上压出浅浅的压痕，可以是图 2-23 中内凹的环形槽，也可以是在一圈上均匀分布的浅浅的小凹坑。将内管推入外管，使薄管发生弹性变形，内管头部一段越过外管的压痕部位，内管和外管的压痕贴合后实现弹性卡搭接。这种连接方式结构简单，拆装简便，常用于频繁拆装、密闭性要求不高的产品中，如笔与笔帽的连接、吸尘器与吸尘管的连接、电吹风机与风嘴的连接、打火机与机壳的连接等。如图 2-24 所示是一些采用压痕弹性卡搭接的产品。

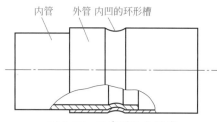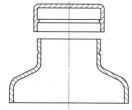

图 2-23　压痕弹性卡搭接　　　　图 2-24　一些采用压痕弹性卡搭接的产品

如图 2-25 所示为薄荷糖盒，盒子由盒体、外盒盖和内盒盖三部分组成，外盒盖上的凹坑和盒体上的凸起点实现压痕弹性卡接，内盒盖上的凹槽和盒体的凸缘实现压痕弹性卡接，内盒盖上有薄荷糖大小的出糖孔以方便薄荷糖的单粒取出。

图 2-25　薄荷糖盒

（4）自锁式卡钉连接结构

螺钉连接是在钣金上固定零件的常见方法之一，需在钣金上加工螺纹孔，因此钣金必须有足够的厚度。可以改用如图 2-26 所示的自锁式卡钉连接。中间两个卡爪具有弹性，从上面推爪入孔时，孔壁通过卡爪的斜面使两个爪靠拢收缩，卡爪被推出到孔外后两爪回弹张开，爪脚的上表面与底板的下表面贴合，使零件卡住，固定在钣金上。

这种自锁式卡钉连接也经常用在家居产品中。如图 2-27 所示为提手采用自锁式卡钉连接的水桶。

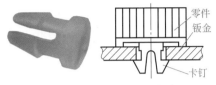

图 2-26 自锁式卡钉连接

图 2-27 提手采用自锁式卡钉连接的水桶

（5）板片弹簧连接结构

利用板片弹簧的自身弹性变形实现零件间的连接与固定。该结构常用于发卡、夹子、硬盘与硬盘架的卡接、车载充电口的卡接、照相机镜头盖的卡接、洗发水瓶盖与瓶体的连接等。

如图 2-28 所示为拖把夹，主要由弹性夹片、弹性薄片和波纹滚轮组成。用力按下拖把杆，弹性夹片受力向两侧分开的同时带动弹性薄片拉伸，拖把杆进入夹片之间，在弹性夹片的夹持力和弹性薄片的拉伸力的作用下，弹性薄片和两个波纹滚轮紧紧包围着拖把杆，实现对拖把的夹紧。波纹滚轮方便拖把杆进出弹性夹片的同时，又起到了增大摩擦力、避免拖把脱落的作用。两个波纹滚轮与弹性夹片之间的连接也是利用了弹性夹片上下两个卡爪的弹性卡接。该连接方式也大量应用在玩具上，如玩具车车轮与车体的连接。

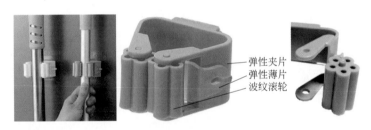

弹性夹片
弹性薄片
波纹滚轮

图 2-28 拖把夹

通过按压照相机镜头盖两侧的按钮可以非常方便地实现镜头盖与镜头的卡接与分离，从而完成镜头盖的关闭与开启。如图 2-29 所示，照相机镜头盖由外壳和内壳两部分组成。内壳分为按钮、弹性板和支架三个部分。中间"中"字形的支架采用按压式弹性卡接与外壳连接固定；两侧的按钮通过轨道与外壳滑动连接，实现内壳相对外壳的径向移动；弯曲的弹性板为按钮的径向复位提供动力。同时按下两侧按钮，在力的作用下弯曲的弹性板径向收缩，致使两侧按钮距离小于镜头框的直径而进入镜头框，松手后弹性板复位，两侧按钮间距离变大使按钮上的薄舌卡在镜头框上，实现镜头盖的关闭。开启镜头盖的过程刚好相反。

塑料插扣广泛应用于箱包、服装、登山等产品中。如图 2-30 所示，塑料插扣由母扣和子扣两部分组成，子扣有两个片状弹性钩爪，母扣为两侧带有凹槽的套筒。子扣放入母扣中，用力一推，两个弹性钩爪在母扣壁的压力下回缩进入母扣套，当钩爪进入镂空的凹槽时依靠自身弹性复原，进而实现子、母扣的固定连接。向里按压两钩爪，在压力作用下两个弹性钩爪回缩，同时拉拔子扣使其退出母扣凹槽，解开子、母扣的连接。

图 2-29　照相机镜头盖

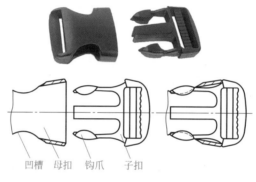

图 2-30　塑料插扣

　　按键是日常电子产品中的常见部件，如键盘、手机、遥控器等都设有键盘。按键的工作也是通过弹性件的复位来实现的。以键盘为例，如图 2-31 所示的薄膜键盘，其内部共有三层薄膜线路板，其中最上方为正极电路，最下方为负极电路，而中间为不导电的塑料片，起到隔离上下层电路的作用。当手指按压键帽时，原本被中层隔膜隔开的上下层薄膜上的触点即会接触通电，即完成电路导通，产生信号并传给键盘主控进行识别处理；松开手指，弹性件复位，使上下层薄膜上的触点断开，结束工作。

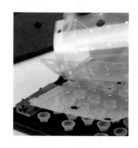

图 2-31　薄膜键盘与按键

　　如图 2-32 所示为键盘按键，其主要由键帽、金刚套和橡胶盖（弹性体）等组成。金刚套套在键盘壳体上，为键帽的上下移动起导向作用；键帽立柱上的钩爪与键盘壳体上的钩爪采用弹性卡连接，同时与下面的橡胶盖（弹性体）接触。按下键帽，立柱压迫橡胶盖（弹性体）重叠变形，上下层薄膜上的触点接通；松开键帽，橡胶盖（弹性体）复位，上下层薄膜上的触点断开。

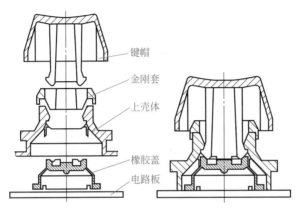

图 2-32 键盘按键

如图 2-33 所示为悬臂式按键，按键的弹性臂以热熔或螺钉连接的方式固定在壳体上，通过弹性臂的弹性实现按键的复位。

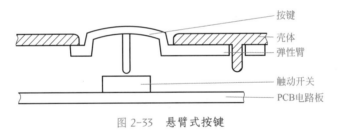

图 2-33 悬臂式按键

翻盖瓶盖广泛应用于食品（矿泉水、油、醋、酱油、调味品、口香糖等）容器、医药容器（药瓶、消毒水瓶等）、洗涤用品（洗衣液、洗面奶、牙膏等）容器、化妆品容器等。按与瓶体连接的方式来分，翻盖瓶盖主要分为螺纹连接式和压痕（凹槽）弹性卡接式两种。如图 2-34 所示，螺纹连接式翻盖瓶盖由翻盖和盖体两部分组成，翻盖通过弹性塑料板片与盖体连为一体并做相对转动，翻盖与盖体通过压痕弹性卡接实现闭合，瓶盖与瓶体采用螺纹连接。如图 2-35 所示，压痕（凹槽）弹性卡接式翻盖瓶盖由翻盖和固定圈两部分组成，翻盖通过弹性塑料板片与固定圈连为一体并做相对转动，固定圈采用压痕（凹槽）弹性卡接方式与瓶体连接，翻盖与瓶体采用压痕弹性卡连接。

翻盖瓶盖中的弹性塑料板片一方面保证在翻盖开启的时候不会脱离；另一方面，由于弹性塑料板片的弹力复位作用，可以为翻盖的闭合起到快速、准确的预定位作用。如

图 2-36 所示为翻盖瓶盖的应用案例。

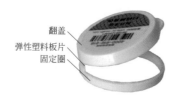
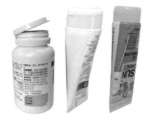

图 2-34　螺纹连接式翻盖　　图 2-35　弹性卡接式翻盖　　图 2-36　翻盖瓶盖的应用案例

如图 2-37 所示是板片弹簧连接的应用案例。

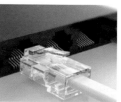

图 2-37　板片弹簧连接的应用案例

（6）弹性卡扎带连接结构

弹性卡扎带分为不可拆式（图 2-38）和可拆式的（图 2-39）。扎带主要由齿带和头部齿腔两部分组成。如图 2-40 所示为弹性卡扎带的原理，齿带上均匀分布着齿，齿腔内有卡齿，卡齿具有斜度方向。工作时齿带穿过齿腔，在力的作用下，卡齿发生弹性变形，齿带上的齿顺着卡齿斜面划过后卡齿回弹复位卡住齿带上的齿根，使得齿带不能反向拉回，扎带不能重复使用。

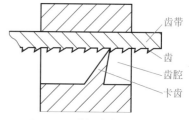

图 2-38　不可拆式弹性卡扎带　　图 2-39　可拆式弹性卡扎带　　图 2-40　弹性卡扎带的原理

可拆式弹性卡扎带的工作原理与不可拆式的一样，只是卡齿上有一个小手柄，按下小手柄时卡齿弹起与齿带脱离，即可将齿带从齿腔中拉出，可以重复使用。

弹性卡扎带广泛应用于捆扎电视机、计算机等内部连接线，电动机、电子玩具、灯饰等产品内线路的固定，机械设备油路管道的固定，也可用于农业、园艺、手工艺等捆扎物品。如图 2-41 所示为弹性卡扎带的应用案例。

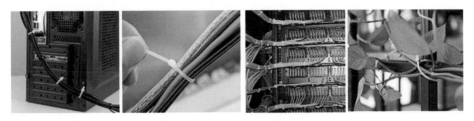

图 2-41 弹性卡扎带的应用案例

2.2.3 卡钩卡位连接

卡钩卡位连接是运用连接构件上的相应卡钩与卡槽进行构件间相互卡接的连接方式，一般起预定位作用，不能直接紧固零件，通常与螺纹和铆接等连接方式配合使用。其优点是成本低，能够提供快速装配与拆卸；缺点是不能完全固定零件，常需要和其他装配方式配合，如果配合不好则不易拆卸。

卡钩卡位连接的结构包括卡钩和卡槽，如图 2-42（a）、（b）所示，卡钩卡槽形式中卡钩和卡槽非一一对应，根据需要可以交错配对。如图 2-42（c）所示为用于要求不是很牢固的零件连接。

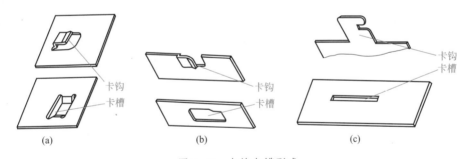

图 2-42 卡钩卡槽形式

如图 2-43 所示为卡接卡位连接产品。

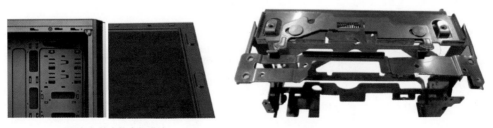

(a) 计算机机箱卡接卡位设计　　　　(b) 数码相机磁带仓卡接卡位设计

图 2-43 卡接卡位连接产品

2.2.4 键连接

键通常用于连接轴与轴上的旋转零件（摆动零件），起周向固定零件的作用，以传递旋转运动或扭矩，有些键也可用作轴向移动的导向装置，主要类型有普通平键、导向平键、滑键、半圆键、钩头楔键和花键等。

（1）普通平键连接

如图 2-44 所示为普通平键连接，轴和轮毂上都制有键槽，将普通平键放入轴上的键槽内，再将轴和键一起放入轮毂键槽内，实现轴与轮的连接。工作时，普通平键靠键的两侧面传递转矩，键的两侧面是工作面，对中性好；键的上表面与轮毂上的键槽底面留有间隙，以便装配。

（2）导向平键连接

如图 2-45 所示，导向平键比普通平键长，用紧定螺钉固定在轴上的键槽中。工作时键不动，轮毂可在轴上沿轴向移动，从而构成轮相对轴的动连接。常用于轴上零件沿轴向移动量不大的场合，如变速箱中的滑移齿轮。

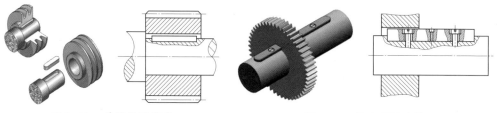

图 2-44　普通平键连接　　　　　　　　图 2-45　导向平键连接

（3）滑键连接

如果轴向滑动距离较大，导向平键将过长，加工和安装困难，这时可采用滑键连接。对于滑键，通常轴向固定在轮毂上，并与轮毂一同相对于轴上的键槽滑动，分为双钩头滑键（图 2-46）和单圆钩头滑键（图 2-47）。

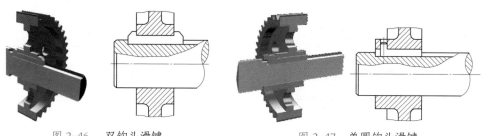

图 2-46　双钩头滑键　　　　　　　　图 2-47　单圆钩头滑键

（4）半圆键连接

如图 2-48 为半圆键连接，工作面为键的两侧面，有较好的对中性，可在轴上的键槽中摆动以适应轮毂上键槽斜度，适用于锥形轴与轮毂的连接，键槽对轴的强度削弱较大，只适用于轻载连接。

（5）钩头楔键连接

如图 2-49 为钩头楔键连接，楔键与键槽的两个侧面不相接触，为非工作面。钩头楔键连接能对轴上零件进行轴向固定，并能使零件承受单方向的轴向力。用于定心精度要求不高、荷载平稳和低速的场合。

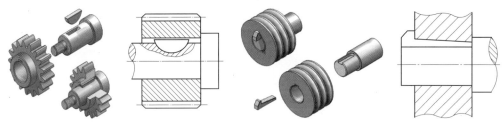

图 2-48　半圆键连接　　　　　　图 2-49　钩头楔键连接

（6）花键连接

花键连接是指由沿轴和轮毂孔周向均布的多个键齿相互啮合而成的连接。多齿承载，承载能力高，齿浅，对轴的强度削弱小，对中性及导向性较好，加工需专用设备，成本高。如图 2-50 所示为花键连接。

2.2.5　销连接

销是标准件，按用途分，销可以分为定位销、连接销和安全销；按形状分，销可以分为圆柱销、圆锥销、开口销、槽销和销轴等。

定位销：用于固定零件之间的相对位置，它是组合加工和装配时的重要辅助零件。通常不受载荷或只受很小的载荷，数目一般不少于 2 个。如图 2-51 为定位销。

图 2-50　花键连接　　　　　　图 2-51　定位销

连接销：用于实现两个零件之间的连接，可用于传递不大的载荷，常用于轻载或非动力传输结构。如图 2-52 所示为连接销。

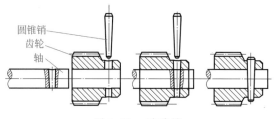

图 2-52　连接销

安全销：作为安全装置中的过载剪切元件。安全销在过载时被剪断，因此，销的直径应按剪切条件确定。为了确保安全销被剪断而不提前发生挤压破坏，通常可在安全销上加一个销套。如图 2-53 所示为安全销。

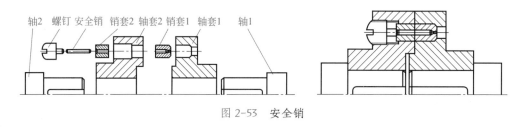

图 2-53　安全销

销轴：用于两个零件的铰接处，构成铰链连接。如图 2-54 为销轴连接。

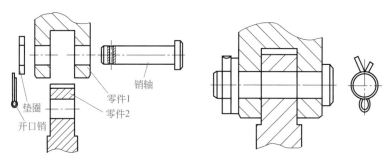

图 2-54　销轴连接

/ 2.3 / 不可拆连接

2.3.1　焊接

焊接是利用局部加热、加压使两个以上的金属件在连接处形成原子或分子间的结合而构成的不可拆连接。焊接是制造各种金属制品的一项重要工艺，具有强度高、紧密性好、工艺简单、操作方便等优点，广泛用于金属构架、机架及壳体等结构的制造，涉及机械、化工、船舶、电力、电信及家电、家具等各个领域。

车架是电动车各零部件的安装基体，是电动车上的一个重要部件，其质量的好坏直接关系到用户人身安全。车架的结构形式应能满足其功能（装配性等）、性能（刚度、强度等）和商品性的需要，必须符合国家相关法规和安全性的要求，车架大都采用金属型材弯曲、焊接成形。车架主要由前叉套管、前主梁、侧梁、横梁、车座梁、后座、平叉支架、减振器支架、脚撑支架等组成。如图 2-55 所示为电动车车架，整个车架均以焊接方式连接成形。

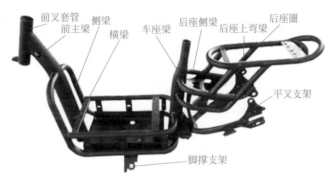

图 2-55　电动车车架

前叉套管采用无缝钢管扩口形式成形，其他管件采用冷轧钢带直缝焊管。前主梁延伸到左右侧梁中间，并以横梁与侧梁相连，形成稳定牢固的三角形结构。侧梁、横梁、底板通过焊接构成电池架并与主梁焊接成一个整体。后车座由后座圈、后座上弯梁、后座侧梁焊接而成并焊接到主梁上。平叉支架焊接到主梁上，并焊接有加强筋以增加车架强度。

如热水器、计算机机箱、空调机箱、汽车外壳等钣金类产品大多采用冲压、折弯再焊接成形。壳体内的加强筋、隔板、用于安装其他零部件的支架也大多采用焊接的方式与壳体连接。如图 2-56 所示为常见的焊接钣金箱体。

图 2-56　常见的焊接钣金箱体

如油箱、油罐、水壶等金属容器也采用焊接的连接方式。如图 2-57 所示为常见的焊接类容器。

图 2-57　常见的焊接类容器

2.3.2　铆接

将铆钉穿过被铆接件上的预制孔，使两个或两个以上的被铆接件连接在一起，称为铆钉连接，简称铆接。在被连接件上预制适当的孔，穿上铆钉，通过打击铆钉，将其挤压变形、压紧端面，从而固定被连接件。如图 2-58 所示为普通凸头铆钉连接示意。

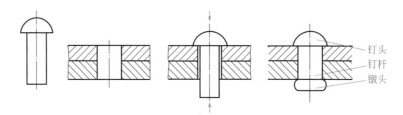

图 2-58　普通凸头铆钉连接示意

铆接的优点有：连接强度较稳定可靠；容易检查和排除故障；操作工艺易掌握；使用工具机动灵活、简单、价廉；适用于较复杂的结构的连接；适用于各种不同材料之间的连接。铆接的缺点有：增加了结构重量；降低了强度；容易引起变形，蒙皮表面不够平滑等。铆接广泛应用于起重机的机架、铁路桥梁、建筑、造船等。目前铆接仍然是飞机装配中的主要连接方法，大型飞机上有上百万个铆钉。

除普通凸头铆钉之外，还有镦埋头铆钉、半冠头铆钉、全冠头铆钉、无头铆钉和抽芯铆钉等。它们各自的连接工艺如图 2-59~ 图 2-63 所示。

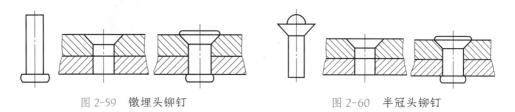

图 2-59　镦埋头铆钉　　　　　　　图 2-60　半冠头铆钉

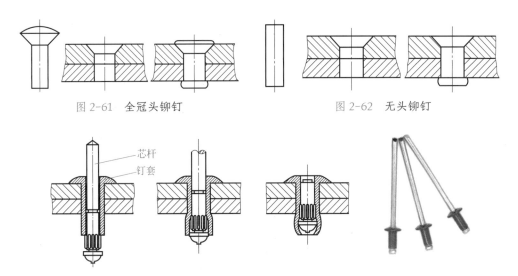

图 2-61 全冠头铆钉   图 2-62 无头铆钉

图 2-63 抽芯铆钉

铆接一般需要双面操作，抽芯铆钉的出现使铆接实现了单面操作，广泛用于建筑、汽车、船舶、飞机、机械、电器、家具等产品。

抽芯铆钉由钉套和芯杆组成，铆接时，将铆钉装入枪嘴并插入预制的孔中，拉动铆钉使钉套膨胀，填充工件孔，起到铆接作用。载荷达到预定值时，铆钉在头部平整断裂，钉杆被锁紧在铆钉中。

如图 2-64 所示为常见的铆接产品。

图 2-64 常见的铆接产品

抽孔铆接是钣金之间的铆接方式，主要用于涂层钢板或者不锈钢板的连接。如图 2-65 所示，抽孔铆接采用其中一个零件冲孔，另一个零件冲孔翻边生成抽孔，抽孔与另一个工件的过孔或沉孔预配合后，利用冲压铆接模具将抽孔周壁扩翻并紧压于另一个工件板面上而连接两个工件。翻边与直孔相配合，本身具有定位功能。铆接强度高，通过模具铆接效率也比较高。

压铆螺母柱，又称压铆螺柱或螺母柱，是应用于钣金、薄板、机箱、机柜的一种紧固件，压铆螺母柱其外形一端呈六角形，另一端为圆柱状，六角形与圆柱状中间有一道退刀槽，通过压力机将六角头压入薄板的预置孔内使孔的周边产生塑性变形，变形部分被挤入压铆螺母柱的退刀槽内，使压铆螺母柱铆紧于薄板上。如图 2-66 所示为压铆螺母柱安装示意。

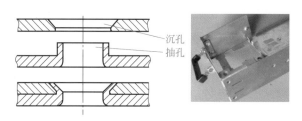

沉孔
抽孔

图 2-65　抽孔铆接

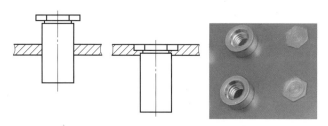

图 2-66　压铆螺母柱安装示意

如图 2-67 所示为空心铆钉铆接，一般由母钉和子钉两部分组成，安装时，将母钉拉孔穿过被连接件的预留孔，再将子钉套在母钉上，利用冲压铆接模具将抽孔周壁翻开并紧压于子钉板面上而实现紧固连接。

图 2-67　空心铆钉铆接

空心铆钉广泛应用于PCB板层压、电器、服装、文具、广告牌等行业。如图2-68所示为空心铆钉铆接产品案例。

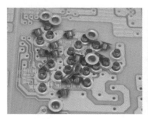

图 2-68　空心铆钉铆接产品案例

TOX 铆接又称无铆钉铆接。如图 2-69 所示，TOX 铆接是通过强力拉压使板件本身的材料发生挤压塑性变形，而使两个板件在挤压处形成一个互相镶嵌的圆形连接点，由此将板件点连接起来。应用于汽车零部件、计算机机箱、洗衣机箱体、微波炉内胆、洗碗机内胆、不锈钢拼接门等产品。

图 2-69　TOX 铆接

塑料热铆接是一种经济的不可拆连接方案，广泛用于塑料与金属连接、塑料与塑料连接以及塑料与电路板连接。如图 2-70 所示，塑料热铆接利用塑料件上预留的塑料铆柱（肋翼、立筋），对应穿过相连制件上的预制孔，将相连制件表面凸出部分的铆柱进行热风软化后再用模头压制成铆钉帽而实现夹紧。

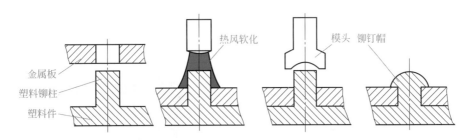

图 2-70　塑料热铆接示意

如图 2-71 所示为实际产品中的塑料热铆接。

图 2-71　实际产品中的塑料热铆接

如图 2-72 所示为塑料热铆接实例，从左向右分别是塑料件与塑料件的热铆接、塑料件与 PCB 板的热铆接、塑料件与金属件的热铆接。

如图 2-73 所示，利用特定形状的铆头可以实现塑料铆柱的半球铆接、圆弧翻边铆接、埋头铆接、折边镶嵌包覆等。

图 2-72　塑料热铆接实例

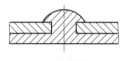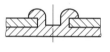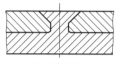

(a) 半球铆接　　　　(b) 圆弧翻遍铆接　　　　(c) 埋头铆接　　　　(d) 折边镶嵌包覆

图 2-73　塑料热铆接的各种方式

翻边热铆接则是将立筋置于被紧固组件的边沿或周围，加热后将其翻边卷、夹紧、激冷，起到紧固作用。

如图 2-74 所示为弹簧片翻边热铆接。如图 2-75 所示为汽车保险丝盒内部布线，金属导体回路穿过塑料肋条绝缘隔离间隙，保持各回路间的安全距离，用塑料热铆接工艺对立筋加热软化后，用模头冲压将铆头压制成形以紧固金属回路，有效防止长期剧烈震动环境下金属片的脱落。

图 2-74　弹簧片翻边热铆接　　　　　　　图 2-75　汽车保险丝盒内部布线

如图 2-76 所示，剪刀采用埋头热铆接工艺，每个刃口外沿用塑料护套包覆，用埋头平铆固定，以避免剪刀口利刃伤及少年儿童。

如图 2-77 所示是拉伸弹簧勾环，它是加工设计的典型范例，产品多半周以环状外翻边形式，将镶入塑件环槽内的拉伸弹簧挂环部位包覆紧固。

如图 2-78 所示为铜螺母热嵌，塑件外沿加热后向内侧翻边将铜螺母铆接固定。

图 2-76　埋头热铆接剪刀　　　图 2-77　拉伸弹簧勾环　　　图 2-78　铜螺母热嵌

2.3.3 胶接

胶接也称粘接，是利用胶黏剂使零件胶黏在一起而形成的连接，也是一种不可拆连接。胶接的应用历史很久，早期用于各种非金属材料间的连接，用于金属材料、金属与非金属材料间连接的历史并不长。胶接在机床、汽车、造船、化工、仪表、航空等领域的应用日渐广泛，主要归功于胶接机理研究的不断进步和新型胶黏剂的不断出现。全世界采用胶接结构的飞机有 100 多种。B-58 重型超声速轰炸机，胶接壁板面积占 80%（其中蜂窝夹层结构占 90%），胶用量超过 400kg，可取代约 50 万个铆钉。

（1）胶接的优点

① 适用的材料范围广：可连接不同材料（金属－金属、金属－非金属）；可连接厚度不等的构件，连接质量不受构件厚度的影响；避免材料间的电化学反应、吸收热胀冷缩产生的应力。

② 表面平滑：维持材料的整体性，无孔、洞等，具有良好的空气动力性能；外观漂亮、无焊接变形、无凸出物、无疤痕。

③ 良好的密封性：常用于水箱、油箱、气密座舱等。

④ 胶接接头耐环境能力强：胶层对金属防腐、绝缘、防电化学腐蚀。

⑤ 胶接构件有效地减轻了重量：由于胶接接头受力均匀，可采用薄壁结构，可以有效减轻产品重量，可替代铆接用于汽车、飞机机身、飞机减速板等制造。

⑥ 能提高接头的疲劳寿命：胶均匀分布，接头有韧性，能吸收能量，分散应力，避免接头处的应力集中，抗冲性能好，不会产生局部应力集中，疲劳裂纹扩展速度慢。

⑦ 胶接工艺简单、生产效率高。

（2）胶接的缺点

① 胶接强度较低。胶黏剂的主材料一般是高分子材料，胶接强度不如金属材料。

② 耐高、低温性较差。

③ 有老化问题。

（3）胶接设计的因素

胶黏剂的选择与胶接接头的设计是胶接设计中的两个重要因素。

胶接使用的胶黏剂种类繁多、性能各异。常用的胶黏剂主要有酚醛树脂胶黏剂和环氧树脂胶黏剂等。

酚醛树脂胶黏剂具有韧性好、耐热性好、强度大、耐介质等优良性能，主要用于胶接各种金属、非金属材料，如汽车的离合器、飞机的铝合金壁板等。

环氧树脂胶黏剂应用非常普及，具有胶接强度高、收缩率小、耐介质、绝缘性好、配制简单等优点，但脆性较大、耐热性较差，主要用于金属、塑料、陶瓷的胶接。

表2-3为几种常见胶黏剂的主要性能。

表2-3　几种常见胶黏剂的主要性能

牌号	型号	使用温度 /℃	不同温度下的抗剪强度 /（kg/cm²）					耐介质性能
			−60℃	20℃	60℃	150℃	200℃	
J-01	酚醛 - 丁腈	−50~ 200	280~ 300 （−45℃）	220~ 240		110~ 220	80~ 90	水、油浸一个月，强度基本不变
J-03	酚醛 - 丁腈	−60~ 150	300~ 330	230~ 260	180~ 190	80~100		浸水60天，强度下降4%~7%；浸乙醇60天，强度下降10%
J-15	酚醛 - 丁腈	−60~ 250	>350	>340	320	250	160	水、油浸90天，强度不变，耐老化性能优良
JX-9	酚醛 - 丁腈	−60~ 150	>200	>350	190 （100℃）	120		水、油浸1000h，强度不变
204	酚醛 - 缩醛 - 有机硅	−60~ 200		240~ 280		100	70~ 100	处于高压蒸汽、汽油和乙醇等中，性能保持稳定
自力 -2	环氧 - 丁腈	−60~ 60	320 （−55℃）	280	200	130 （100℃）		酒精、汽油、滑油浸1800h，盐雾浸416h，强度增大
自力 -3	环氧 - 丁腈	−60~ 150	>339 （−55℃）	225~ 270		110~ 140	70~ 100	水、油浸一个月，强度不下降
E-3	环氧 - 聚硫	−60~60	>250	>250	>180			处于酸碱溶液中，性能保持稳定

注：1kg/cm²=0.098MPa。

（4）胶接接头的受力形式与设计原则

一个胶接接头在实际的使用中，不会只受到一个方向的力，而是一个或几个力的集合。为了便于受力分析，把实际的胶接接头受力简化为拉伸、剪切、剥离、劈裂几种形式，如图2-79所示。胶接接头的抗剪切及抗拉伸能力强，抗劈裂和剥离能力弱。

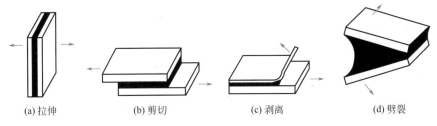

(a) 拉伸   (b) 剪切   (c) 剥离   (d) 劈裂

图 2-79 　胶接接头的典型受力情况

胶接接头设计的基本原则如下。

① 尽可能使胶接接头胶层受压缩、拉伸和剪切作用，不要使胶接接头受剥离和劈裂作用，如图 2-80 所示。图 2-80（b）接头胶层的受力要好于图 2-80（a）。

② 合理设计较大的胶接接头面积，提高接头承载能力。

③ 为了进一步提高胶接接头的承载能力，应采用胶－焊、胶－铆、胶－螺栓等复合连接的接头形式，如图 2-81 所示。

④ 接头形式要美观、平整、便于加工。

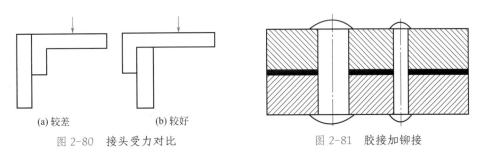

(a) 较差   (b) 较好

图 2-80 　接头受力对比   图 2-81 　胶接加铆接

接头形式有对接、斜接、槽接、搭接、L 形接、T 形接、套接、复合接等多种。接头形式与接头形状如表 2-4 所示。

表 2-4 　接头形式与接头形状

接头形式	接头形状
对接	
斜接	
槽接	

续表

接头形式	接头形状
搭接	
L形接	
T形接	
套接	

（5）胶接的应用

① 胶接在木材工业中的应用：在木材工业中60%~70%用于制造胶合板、纤维板、装饰板和木器家具等。如图2-82所示为由木皮胶黏的胶合板。

② 胶接在航空工业中的应用：航空工业和空间技术等都大量采用蜂窝结构（图2-83）、高强度高模量复合材料、玻璃钢、泡沫材料、密封材料等，这些材料的制造和连接都离不开胶黏剂和密封材料。由于金属连接件的减少，胶接结构与铆接结构相比，可使机件重量减轻20%~25%，强度比铆接提高30%~35%，疲劳强度比铆接提高10倍。

图2-82　由木皮胶黏的胶合板

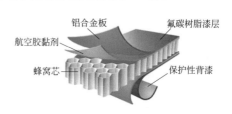

图2-83　铝蜂窝板结构

③ 胶接在汽车工业中的应用：现代汽车工业的技术进步要求结构材料轻量化、驾驶安全化、节能环保化、美观舒适化等，因此采用铝合金、玻璃钢、塑料、橡胶等新型材料，必然要大量以胶接代替焊接，胶黏剂用量明显增加。汽车用胶包括膨胀型减振胶黏剂、折

边胶黏剂、折边密封胶、玻璃胶黏剂、点焊密封胶等。

膨胀型减振胶黏剂主要用于车门外板、发动机盖、后备厢盖、顶盖等外板和加强梁之间的连接。车身覆盖件的外板与加强梁间通常使用焊接方式连接，由于在外板与加强梁间存在着一定的缝隙，因此行车中可能因振动而生产噪声，而且外板上的焊点也严重破坏了外观的平整性。为了克服以上缺点，在焊装前将膨胀型防振胶黏剂涂布在冲压薄板与加强梁结构中，固化的胶层具有较高的粘接强度，将加强梁与外板紧密结合在一起，减少或完全取消结合焊点，还能提高车身外表的美观性，减少行车中的振动和噪声。如图 2-84 所示为汽车门外板与加强梁的胶接。

折边胶黏剂主要用在车门、后备厢盖、发动机盖等包边部位，以增加包边和连接钣金之间的连接力，提高整体刚性，增强防水、防尘的作用，已完全取代点焊结构。如图 2-85 所示为汽车发动机盖折边，如图 2-86 所示为胶接折边工艺示意。

图 2-84　汽车门外板与加强梁的胶接　　　　图 2-85　汽车发动机盖折边

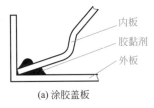

(a) 涂胶盖板　　　　(b) 冲压成45°　　　　(c) 折边完成　　　　(d) 填充折边密封胶

图 2-86　胶接折边工艺示意

折边密封胶主要用在包边的周围，钣金与钣金的搭接部位，防锈、防止灰尘等进入接头部位。车门、发动机盖、后备厢盖等包边处和发动机舱内的钣金件的接头位置都用折边密封胶进行密封，如图 2-86（d）所示。

玻璃胶黏剂主要用在前后挡风玻璃与风窗钣金止口之间，用以连接前后挡风玻璃。如图 2-87 所示为汽车前挡风玻璃的流水线胶接。

点焊密封胶用于密封焊缝，防止焊缝出现漏水、透风和漏尘现象。汽车车身由若干块钢板焊接而成，焊缝是不可避免的，焊缝处密封性的好坏直接关系到车身的质量和耐锈蚀能力。汽车制造业现在通用的焊缝密封方法是涂布点焊密封胶。将点焊密封胶涂布在冲压件结合处的单板上，然后将两板合拢点焊，随电泳漆、中涂面漆等烘烤工序一起固化、密封。

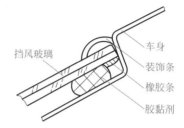

图 2-87　汽车挡风玻璃的流水线胶接

④ 胶接在电子工业中的应用：集成电路、计算机等电子元器件、零部件和整机的生产与组装中，都要使用胶黏剂和密封胶，用于电子元器件的辅助固定、灌封、导热填充、涂覆保护、导热胶接等。如图 2-88 所示为电子元器件的辅助定位，如图 2-89 所示为灌封变压器。

图 2-88　电子元器件的辅助固定　　　　　　图 2-89　灌封变压器

⑤ 胶接在电器工业中的应用：各种家用电器、电子数码设备都大量用胶黏剂和密封胶，如洗衣机、电视机、冰箱、空调、电饭煲、吸尘器、数码相机、手机等。主要起产品壳体骨架结构胶接（图 2-90）、产品密封、脚垫绝缘保护、柔性线路板焊点补强（图 2-91）、部件之间结构胶接（图 2-92）等作用。

图 2-90　壳体骨架结构胶接　　图 2-91　柔性线路板焊点补强　　图 2-92　部件之间（硬盘磁头）结构胶接

⑥ 胶接在机械工业中的应用：利用胶接代替焊、铆、螺栓连接等，可以节省原材料，减轻重量，减少应力集中，缩短工期，简化工艺，从而提高效率，降低成本。在机械工业中，胶接主要用于金属和金属、金属与非金属的结构连接，例如汽车刹车闸，切削加工刀

具，轮船艉轴与螺旋桨的连接等。如图 2-93 所示为鼓式制动器中的胶接，主要由制动轮缸、制动蹄、制动鼓、摩擦片、回位弹簧等部分组成。摩擦衬片与制动蹄胶接在一起。

⑦ 胶接在轻工业中的应用：胶接广泛应用于制鞋工业、家具工业、纺织工业、包装工业、印刷工业、工艺美术、玩具、体育用品、卫生器具、文教用品等。如图 2-94 所示为胶接的乒乓球拍。

⑧ 胶接在医疗方面的应用：接骨植皮、修补脏器、代替缝合、有效止血、粘接血管；还能用于牙齿的粘接、镶嵌、填充、美饰等。

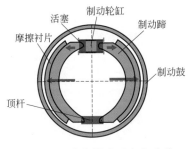

图 2-93 鼓式制动器中的胶接

图 2-94 胶接的乒乓球拍

【思考与练习】

1.任选下列一种产品（设施）进行实物调查，指出其中不少于 3 处不可拆连接、不少于 8 处可拆连接。为表达得更加清楚，宜适当配以简略手绘草图。

    A. 洗衣机　　　B. 共享单车　　　C. 计算机机箱　　　D. 办公座椅　　　E. 健身设施

2.在日用产品中找到 10 种弹性卡连接方式，画出能表达其功能的示意图。

3.在日用产品中找出 5 种卡钩卡位连接方式，画出能表达其功能的示意图。

4.在日用产品中找出 10 种铆接连接方式，画出能表达其功能的示意图。

5.在日用产品中找出 10 种胶接连接方式。

第 3 章
/ 弹性元件

/ 知识体系图

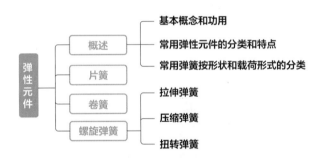

/ 学习目标

知识目标

1. 了解弹性元件的功用。

2. 掌握常用弹性元件的分类和特点。

3. 掌握常用弹簧的结构特点及适用场合。

技能目标

1. 选择合理的弹性元件以实现产品所需功能设计。

2. 利用弹性元件进行产品功能创新设计。

/ 3.1 / 概述

3.1.1　基本概念和功用

材料在外力作用下产生变形，外力去除后能恢复原状的性能，称为材料的弹性。利用材料的弹性性能和结构特点制成特定功能的零部件称为弹性元件。

弹性元件的主要功用如下。

（1）测力

例如弹簧秤（图3-1）中的弹簧、测力矩扳手（图3-2）中的弹簧等。

（2）缓冲和吸振

例如汽车的压簧减振器和板簧减振器（图3-3和图3-4）以及各种缓冲器中的弹簧。

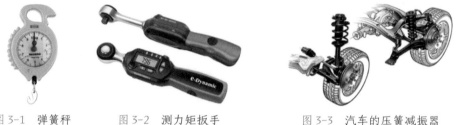

图3-1　弹簧秤　　　图3-2　测力矩扳手　　　图3-3　汽车的压簧减振器

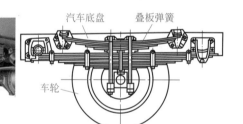

图3-4　汽车的板簧减振器

（3）产生振动

例如振动筛中的支承弹簧、振动趣味玩具中的连接弹簧等。

如图3-5所示的振动筛主要由筛箱、筛网、弹簧、振动器、电动机、机架等组成。电动机带动振动器产生竖直方向往复的作用力，使得弹簧往复压缩和伸展，进而带动筛箱和筛网产生振动。

如图3-6所示点头啄木鸟玩具，将啄木鸟移至立杆上端，在重力的作用下顺着立杆下滑，下滑过程中由于啄木鸟的自身重力使弹簧产生振动，啄木鸟喙部啄碰到立杆使弹簧振动加剧，形成了啄木鸟边下落边啄木的情景。

（4）控制部件运动

例如安全插座（图3-7）、弹性合页和弹性插销（图3-8）内的复位弹簧等。

图 3-5　振动筛

图 3-6　点头啄木鸟玩具

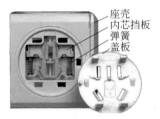

图 3-7　安全插座

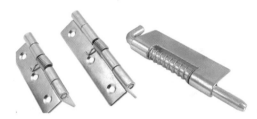

图 3-8　弹性合页和弹性插销

　　安全插座由座壳、内芯挡板、弹簧和盖板等组成。插头没插入插座时，在压簧的作用下内芯挡板将座壳内的带电触头覆盖，避免触电事故的发生；内芯挡板是斜面结构，当插头垂直插在斜面上时会产生一个竖直向下的分力，推着内芯挡板克服压簧的弹力而下移，使插头与座壳内的带电触头接触而通电；当拔出插头后，在压簧的弹力下内芯挡板再次覆盖住内部带电触头。

（5）储存能量

　　例如创意发条玩具（图 3-9）、钟表中的弹簧（发条）等。

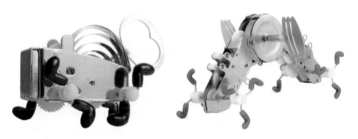

图 3-9　创意发条玩具

3.1.2　常用弹性元件的分类和特点

（1）按结构特点分类

① 片簧（图 3-10）：利用金属（塑料）薄片的弹性制成的片状弹性元件。

图 3-10　片簧

② 卷簧（图 3-11）：利用金属带材绕制成的平面螺旋形弹性元件。

③ 螺旋弹簧（图 3-12）：利用金属材料制成的空间螺旋形弹性元件。

图 3-11　卷簧

图 3-12　螺旋弹簧

④ 弹簧管（图 3-13）：利用薄壁管制成的圆弧形中空管状弹性元件。

⑤ 波纹管（图 3-14）：利用圆柱形薄壁筒制成的带有环状波纹的弹性元件。

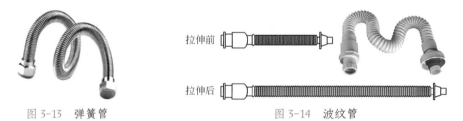

图 3-13　弹簧管

图 3-14　波纹管

⑥ 膜片（图 3-15）：利用圆形薄片制成的弹性元件。

图 3-15　膜片

（2）按使用的弹性材料分类

① 金属弹簧。

② 非金属弹簧。

3.1.3 常用弹簧按形状和载荷形式的分类

常用弹簧按形状和载荷形式的分类如表 3-1 所示。

表 3-1 常用弹簧按形状和载荷形式的分类

弹簧形状	载荷形式			
	拉伸	压缩		扭转	弯曲
螺旋形	圆柱形螺旋拉伸弹簧	圆柱形螺旋压缩弹簧	圆锥形螺旋压缩弹簧	圆柱形螺旋扭转弹簧	—
其他	—	蝶形弹簧		卷簧	板簧

/ 3.2 / 片簧

片簧是用狭长的金属带料和薄板料制成的弹性元件，广泛应用于锁具、汽车、礼品、工艺品、电子通信、电器、开关、五金、灯具等产品。

如图 3-16~ 图 3-21 所示为片簧在实际产品中的应用。

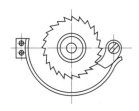
图 3-16 棘轮机构中的片簧

图 3-17 指甲剪

图 3-18 纽扣电池座

图 3-19 管内定位片弹簧卡扣

图 3-20 升降纸巾盒支架

图 3-21 自动弹出烟盒

/ 3.3 / 卷簧

卷簧（又称发条）是将材料绕制成平面螺旋形的一种弹簧。卷簧外端固定在活动构件上，内端固定在心轴上（图3-22），能够在狭小的空间里持续提供较大的恢复力，在机械部件一次行程完成后，将部件恢复原位，以准备下次行程。目前卷簧广泛应用于园林工具启动器、吸尘器等收线部件。卷簧一般作为微小型机械的动力来使用，比如收线器、卷管器、牵狗绳、易拉宝、卷尺、汽车安全带、发条玩具、机械钟表、机械定时器等。

如图3-23所示，卷尺主要由壳体、尺芯轮、尺带、卷簧（发条）、压簧、端盖和按键等部分组成。尺芯轮为两侧凹陷的轮状体，可绕着壳体中间的立柱做旋转运动；尺芯轮背面圆形凹槽内装有卷簧，卷簧的外端固定在尺芯轮边缘，内端固定在壳体立柱上；尺带的尾部固定在尺芯轮边缘，并依次缠绕在尺芯轮上。尺带的拉移带动尺芯轮旋转，使得卷簧由内端开始绕着立柱一次次收紧，松开时卷簧释放出的力会带动尺芯轮回转，进而带着尺带复位。

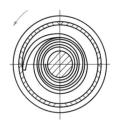

壳体
尺芯轮
尺带
卷簧
压簧
端盖
按键

图3-22　卷簧的安装方式　　　　图3-23　卷尺内部结构

如图3-24（a）所示，卷尺的定位与复位是通过按键两侧的直角三角形斜面体、尺芯轮上的挡板和立柱中间的压簧来实现的。按键通过方孔固定在壳体立柱上，并通过压簧作用紧压于端盖。按键两侧是直角三角斜面体，当拉伸尺带时，尺芯轮逆时针旋转，挡板转至按键两侧的斜面时，对尺带斜面产生向下的压力，克服立柱中间压簧的作用，进而使挡板顺着斜面向上滑，当挡板滑过斜面后，斜面上的压力消除，压簧再次顶起按键，使挡板与三角形斜面体的立面接触，立面阻止尺芯轮反转。因此，在尺带拉伸过程中，尺带只能出，不能回。按下按键，斜坡立面脱离尺芯轮挡板，在卷簧的带动下，尺芯轮反转，将尺带收入壳体内。

如图3-24（b）所示，定位与复位结构由立柱上的方孔、按键和尺芯轮上的直角三角形斜面体组成。按键通过两翼卡在立柱方孔里；按键两翼又卡住尺芯轮上直角三角形斜面体的立面，阻止尺芯轮反转；拉伸尺带时，尺芯轮通过直角三角形斜面体上的斜面顶起按键，实现旋转运动。按下按键，尺芯轮直角三角形斜面体上的立面脱离按键两翼的阻挡，在卷簧的作用下实现反转，收回尺带。如图 3-24（c）所示为卷尺外观。

常见的收线器、卷管器、牵狗绳、易拉宝、汽车安全带等产品的工作原理与卷尺的工作原理相似。

如图 3-25 所示为发条玩具内部结构，发条外端固定在车架上，内端固定在主动齿轮轴上。拧紧的发条在释放时，带动主动齿轮旋转，主动齿轮在轮系的作用下带动前后四个轮子旋转，实现小车的前进运动。

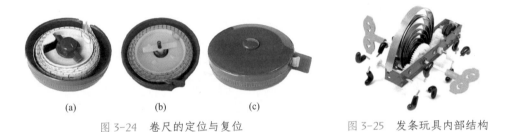

图 3-24 卷尺的定位与复位　　　　图 3-25 发条玩具内部结构

/ 3.4 / 螺旋弹簧

螺旋弹簧是用金属线材绕制成空间螺旋线形状的弹性元件，按工作时受载荷的特性不同，可将螺旋弹簧分为拉伸、压缩和扭转三种。

3.4.1 拉伸弹簧

拉伸弹簧（图 3-26）也叫拉力弹簧，简称拉簧，是承受轴向拉力的螺旋弹簧，拉伸弹簧一般采用圆截面材料制造。空载时拉伸弹簧的各圈之间一般都是并紧的。如图 3-27（a）所示为拉伸弹簧在握力器上的应用；如图 3-27（b）所示是拉伸弹簧在削皮器上的应用；如图 3-27（c）所示的园艺剪刀采用了斜拉式的拉簧，便于剪刀的快速开启。

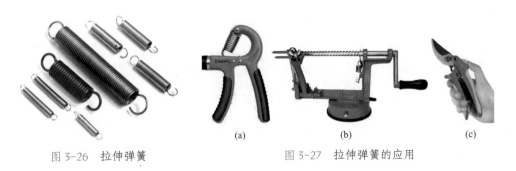

图 3-26 拉伸弹簧　　　　图 3-27 拉伸弹簧的应用

3.4.2　压缩弹簧

压缩弹簧（简称压簧）是承受轴向压力的螺旋弹簧，它所用的材料截面多为圆形，也有矩形，弹簧一般为等节距。压缩弹簧的形状有圆柱形、圆锥形、中凸形、中凹形以及少量的非圆形等。压缩弹簧的圈与圈之间有一定的间隙，当受到外载荷时弹簧收缩变形，储存形变能。

如图 3-28 所示为内燃机气门的原理，通过凸轮和压缩弹簧的共同作用实现气门的开启和关闭。如图 3-29 所示为油路阀门的原理，其中的压簧在常态下使钢球封住油口油路，当外力超过一定数值时，油口油路即被打开。如图 3-30 所示为园艺剪刀，如图 3-31 所示为碗碟夹。

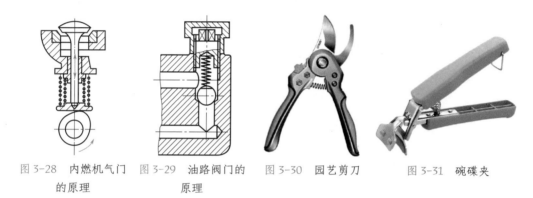

图 3-28　内燃机气门　图 3-29　油路阀门的　图 3-30　园艺剪刀　图 3-31　碗碟夹
　　　　的原理　　　　　　　　　原理

3.4.3　扭转弹簧

扭转弹簧（简称扭簧）属于螺旋弹簧的一种，该款弹簧产生扭矩或扭转力。扭转弹簧的端部被固定到其他组件上，当其他组件绕着弹簧中心旋转时，该弹簧将它们拉回初始位置。

安装圆柱螺旋扭簧时，通常有芯棒穿过其中心，以维持它工作时位置的稳定。扭转弹簧两端的"支点"，可根据需要和可能做成各种形式。如图 3-32 所示为螺旋扭转弹簧的安装形式。

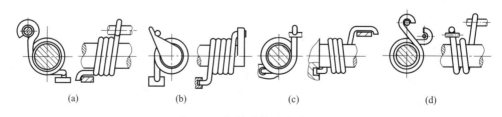

(a)　　　　　　　(b)　　　　　　　(c)　　　　　　　(d)

图 3-32　扭转弹簧的安装形式

　　扭转弹簧广泛应用于产品中的旋转定位、复位部件，如衣物别针、夹子、握柄复位装置等。

　　如图 3-33 所示为多功能苹果削皮器，利用扭转弹簧提供的扭转力将削皮刀片紧紧贴合在苹果上，在螺杆的送进与旋转过程中完成苹果削皮工作。如图 3-34 所示为自动推进纸巾盒，相互交叉的纸巾支架在盒底连接铰链上增加了扭转弹簧，在弹簧弹力的作用下支架将纸巾顶在盒体内壁，实现了纸巾的自动推进。如图 3-35 所示为可夹式电风扇，利用扭转弹簧实现夹持功能。

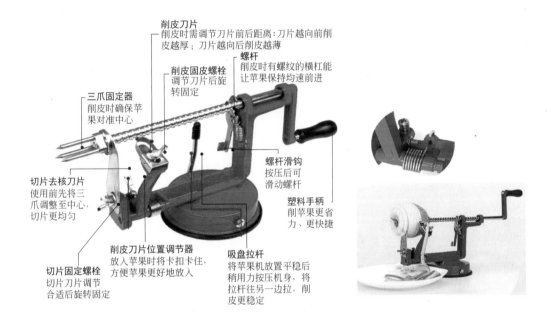

削皮刀片
削皮时需调节刀片前后距离：刀片越向前削皮越厚；刀片越向后削皮越薄

削皮固皮螺栓
调节刀片后旋转固定

螺杆
削皮时有螺纹的横杠能让苹果保持均速前进

三爪固定器
削皮时确保苹果对准中心

切片去核刀片
使用前先将三爪调整至中心，切片更均匀

螺杆滑钩
按压后可滑动螺杆

塑料手柄
削苹果更省力、更快捷

削皮刀片位置调节器
放入苹果时将卡扣卡住，方便苹果更好地放入

切片固定螺栓
切片刀片调节合适后旋转固定

吸盘拉杆
将苹果机放置平稳后稍用力按压机身，将拉杆往另一边拉，削皮更稳定

图 3-33　多功能苹果削皮器

图 3-34　自动推进纸巾盒

图 3-35　可夹式电风扇

【思考与练习】

1. 收集具有弹性元件的产品：就拉伸弹簧、压缩弹簧、扭转弹簧、卷簧四种弹簧进行产品收集，每种形式收集 5 个产品并对其工作原理进行分析说明。

2. 实物产品拆装：收集 2 款包含弹簧的实物产品，并对其进行拆卸、绘制，说明工作原理。

3. 产品创新设计：选择一种或几种弹簧，设计一款小产品或简单运动机构，画出示意简图，并附以简要说明。

第4章
/ 运动机构

/ 知识体系图

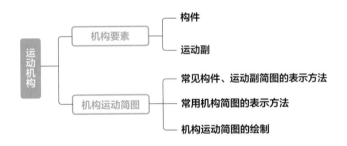

/ 学习目标

知识目标

1. 了解机构要素，掌握各要素的表示方法。

2. 掌握机构运动简图的绘制方法。

技能目标

1. 绘制标准的机构运动简图，以表达机构的组成和工作原理。

2. 利用机构运动简图进行产品运动功能的创新思考与设计。

　　运动机构是很多产品的核心结构和实现设计功能的基础，也是产品设计中比较复杂、专业要求比较高的设计任务，通常需要由与产品相关的专业设计师或结构设计工程师配合工业设计师完成。

　　现代机构除了如连杆机构、齿轮机构、凸轮机构、间歇运动机构、螺旋机构等纯机械式的传统机构外，还包括液动机构、气动机构、光电机构、电磁机构等广义机构。不同的机构可以实现不同的运动，也可以实现相同的运动。一个产品的运动功能有时只需要一个很简单的机构就可以实现，有时需要一些复杂的机构，甚至需要多个机构共同协调运动才能实现。

具有运动功能和相应机构的产品设计，特别是运动系统比较复杂的产品（如汽车、机床、包装机、印刷机等），对设计师的专业水平要求是比较高的。鉴于工业设计师在产品设计中重点关注产品的创新与外观设计，以下主要就机构的组成、工作原理、实际应用等进行介绍，尽量避免复杂的工程设计与计算等问题。

/ 4.1 / 机构要素

机构是执行产品运动的装置，用以变换或传递能量、物料等。机构中包括构件和运动副两种要素。

4.1.1　构件

从运动角度来看，任何机器（或机构）都是由许多独立运动单元体组合而成的，这些独立运动单元体称为构件。构件可以是一个零件，也可以是由多个零件组成的刚性结构。如图 4-1 所示的内燃机中的连杆就是由单独加工的连杆体、轴瓦、螺杆、螺母等零件组成的。这些零件分别加工制造，但是当它们装配成连杆后则作为一个整体运动，相互之间不产生相对运动，组成一个构件。

机构中的构件分为机架、原动件和从动件三种类型。

（1）机架

机构中被视为固定不动的构件称为机架。机构中的其他可动构件在它的支承下运动。如图 4-2 所示的曲柄摇杆机构中的 AD 杆为机架。

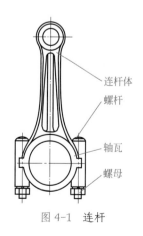

图 4-1　连杆

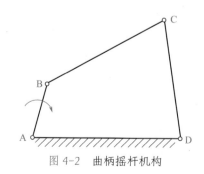

图 4-2　曲柄摇杆机构

（2）原动件

机构中由外部给定运动的构件称为原动件，也称为输入构件。机构中其他构件的运动则由原动件驱动。在如图 4-2 所示的曲柄摇杆机构中，曲柄 AB 的转动是由外部输入的，它是该机构中的原动件。

（3）从动件

机构中由原动件驱动的其他活动构件称为从动件，其中输出预期运动的从动件称为输出构件，其他从动件则起传递运动的作用。在如图 4-2 所示的曲柄摇杆机构中，连杆 BC 和摇杆 CD 是从动件。

4.1.2 运动副

机构中的每一个构件都以一定的方式与其他构件相互连接，这种连接不是固定连接，而是能产生一定相对运动的活动连接。这种使两个构件直接接触并能产生一定相对运动的连接称为运动副。

按照构件空间位置关系，运动副可分为平面副和空间副。如果组成运动副的构件间的相对运动发生在同一平面或相互平行的平面内，则称为平面运动副，否则称为空间运动副。

组成平面运动副的两个构件之间的接触有点、线、面三种形式。根据构件接触形式的不同，平面运动副分为低副和高副两种基本类型。常见的空间运动副有螺旋副和球面副。

（1）低副

两个构件通过面接触组成的运动副称为低副。平面机构中的低副有转动副和移动副两种。

① 转动副：也称为铰链，组成运动副的两个构件间只能产生相对转动的运动副，基本形式如图 4-3 所示。

② 移动副：组成运动副的两个构件只能产生相对移动的运动副，基本形式如图 4-4 所示。

（2）高副

两个构件通过点或线接触组成的运动副称为高副。高副包括如图 4-5 所示齿轮副和如图 4-6 所示的凸轮副。

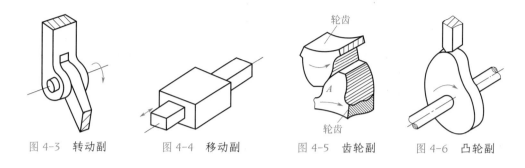

图 4-3 转动副　　　图 4-4 移动副　　　图 4-5 齿轮副　　　图 4-6 凸轮副

（3）空间运动副

空间运动副中常见的球面副如图 4-7 所示；螺旋副如图 4-8 所示。

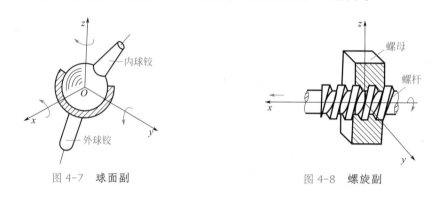

图 4-7 球面副　　　　　　　　　　图 4-8 螺旋副

/ 4.2 / 机构运动简图

机构中各构件间的相对运动关系，取决于运动副的类型、数目、构件尺寸等几个因素，而与构件的外形、断面尺寸、组成构件的零件数目、运动副的具体结构形式等无关。

例如对转动副来说，运动副的结构形式具体是滚动还是滑动都对两个构件间的运动关系没有影响，因此在分析机构运动时不需要加以区分。又如连杆机构中的连杆（图 4-1）以两个转动副与其他构件连接，构件间的运动关系只与两个转动副中心间的距离（即"连杆长度"）相关，而与连杆的横截面形状、组成连杆件零件的数量无关。

为便于分析研究机构的运动，将机构中与运动关系无关的因素加以排除，用表征运动副类型和位置的简单符号以及代表构件的简单线条绘制出来的描述机构运动原理的图形称为机构运动简图。

4.2.1　常见构件、运动副简图的表示方法

常见构件、运动副简图的表示方法如表 4-1 所示。

表 4-1 常见构件、运动副简图的表示方法

常见构件、运动副	简图	常见构件、运动副	简图
转动副	两运动构件所形成的运动副 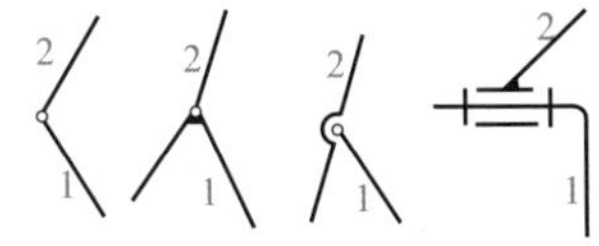 有机架（画一列斜线的构件）的运动副 	圆柱副	
	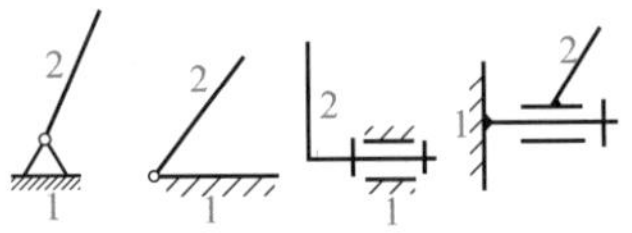	球面副	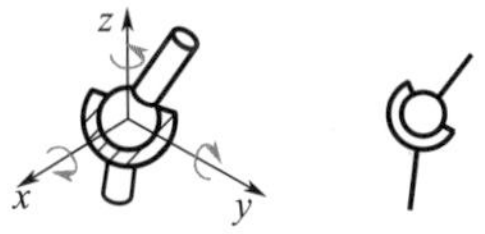
移动副	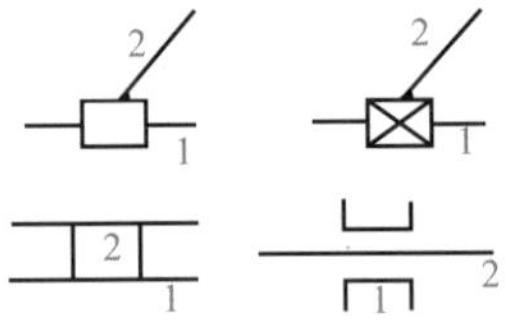	螺旋副	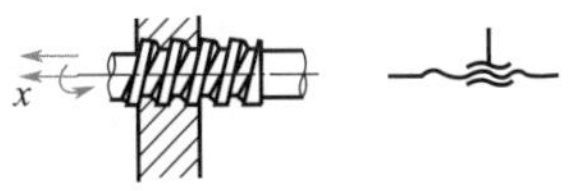
	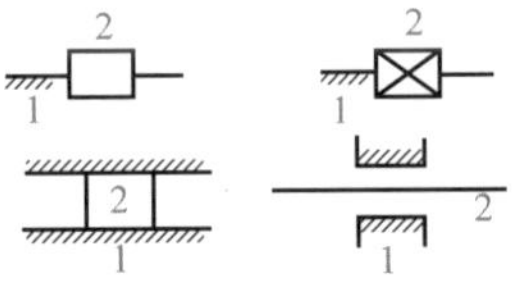	球销副	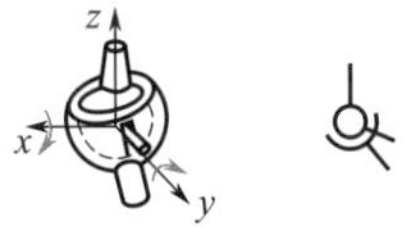
构件	两运动副构件 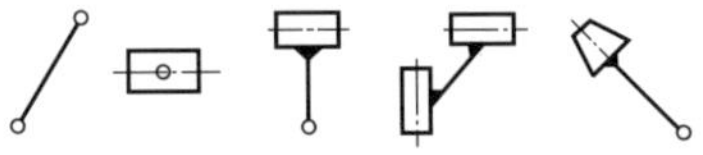 三运动副构件 	凸轮	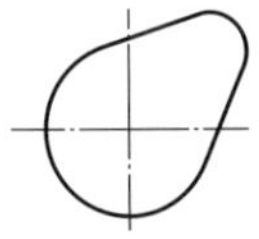
	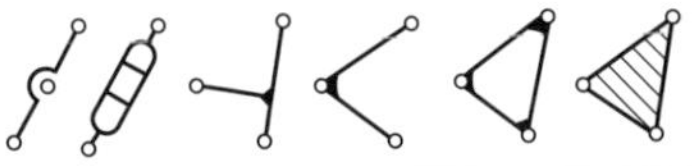	从动件	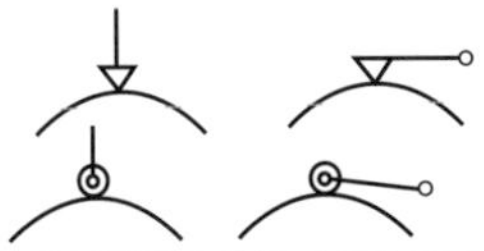

注：在线条交接的内角处涂以黑三角的焊缝标记，或在一个封闭的图形内画上斜向"剖面线"，这两种方式都是同一构件的表示符号。

4.2.2 常用机构简图的表示方法

常用机构简图的表示方法如表 4-2 所示。

表 4-2 常用机构简图的表示方法

常用机构	简图	常用机构	简图
机架上的电动机	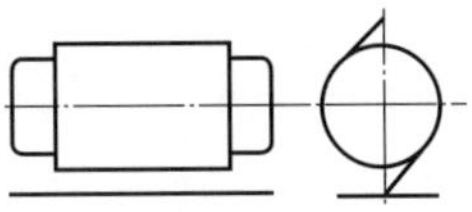	外啮合圆柱齿轮传动	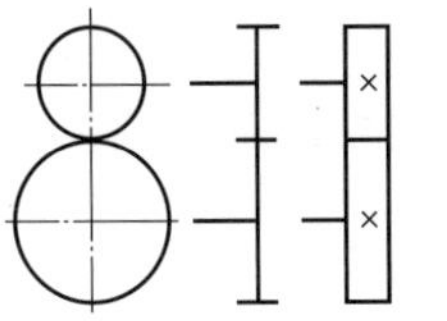

常用机构	简图	常用机构	简图
内啮合圆柱齿轮传动	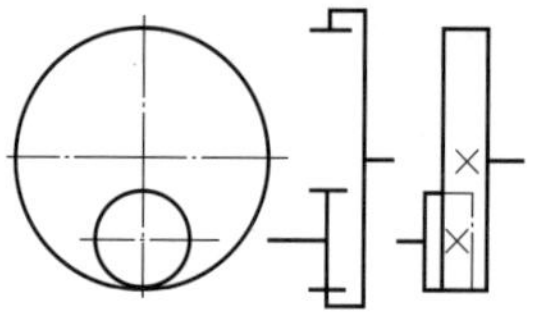	圆锥齿轮传动	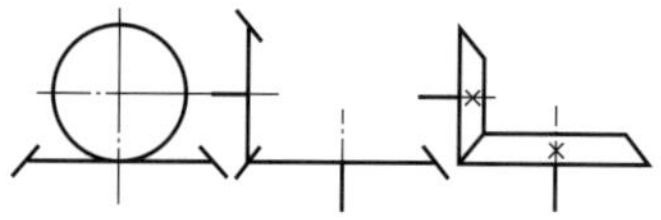
齿轮齿条传动	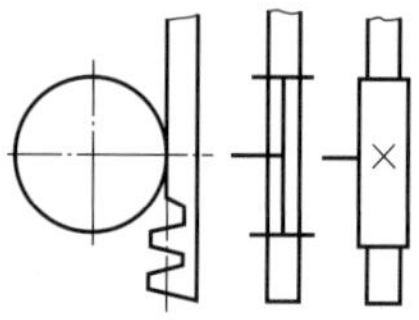	圆柱蜗杆涡轮传动	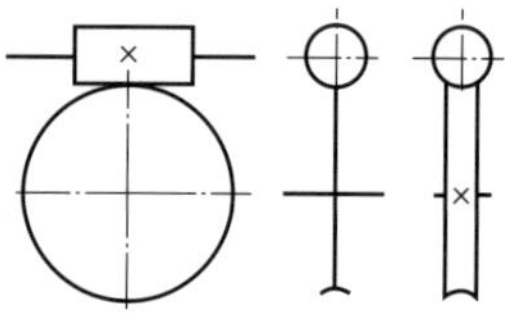
凸轮传动	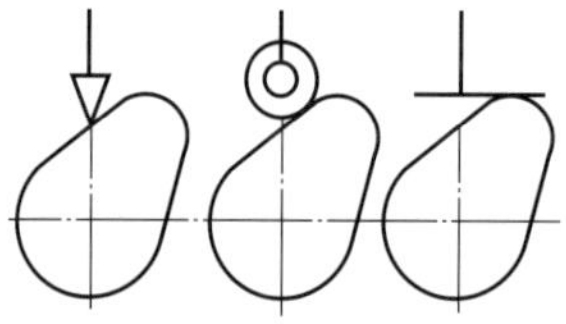	棘轮传动	
带传动	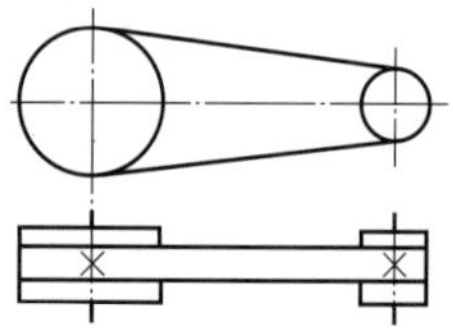	链传动	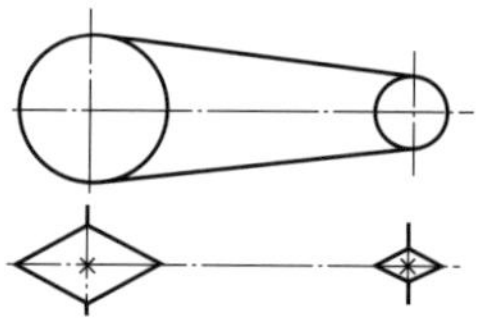

4.2.3　机构运动简图的绘制

机构运动简图的绘制步骤如下。

① 研究机构的运动原理，确定机架、原动件、从动件。

② 分析构件间的运动关系，确定从动件的数量、运动副的种类和数目。

③ 测出运动副之间的相对位置。

④ 选择视图与比例，按规定的符号绘制出运动简图。

⑤ 以大写英文字母 A、B、C…依次标注各转动副。

⑥ 以阿拉伯数字 1、2、3…依次标注各构件。

⑦ 用箭头表示原动件的运动方向。

例 1：绘制如图 4-9（a）所示的抽水唧筒的机构运动简图。

① 抽水唧筒的机构分析：机架是抽水筒 4；原动件是手柄 1；连杆 2 和活塞杆 3 均为从动件。

② 运动与运动副分析：操作手柄 1 以转动副 A 为中心摆动，依次带动连杆 2 和活塞杆 3 运动；该机构在 A、B、C 三处有三个转动副，活塞杆 3 与抽水筒 4 形成移动副。

③ 绘制运动简图：以转动副 A 点为基准点，选择合适比例尺，根据图 4-9（a）中构件的尺寸和几个运动副的位置，绘制出抽水唧筒的运动简图，如图 4-9（b）所示。

例 2：绘制如图 4-10（a）所示的雨伞的机构运动简图。

① 雨伞的机构分析：机架是中棒 4；原动件是滑块 1；支伞骨 2 和主伞骨 3 均为从动件。

② 运动与运动副分析：滑块 1 以移动副 D 向上移动，依次带动支伞骨 2 和主伞骨 3 运动；该机构在 A、B、C 三处有三个转动副。

③ 绘制运动简图：取转动副 A 点为基准点，选择合适比例尺，根据图 4-10（a）中构件的尺寸和几个运动副的位置，绘制出雨伞的运动简图，如图 4-10（b）所示。

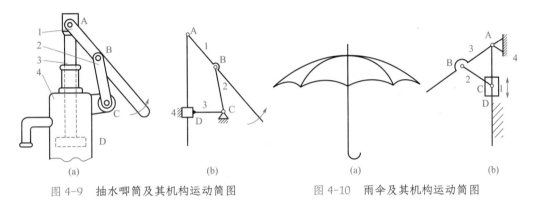

图 4-9　抽水唧筒及其机构运动简图　　　　图 4-10　雨伞及其机构运动简图

【思考与练习】

1. 具有相对运动部件的产品收集：就移动副、转动副、齿轮副、螺旋副在产品中的应用进行产品收集，每种形式收集 5 个产品并对其工作原理进行分析说明。

2. 机构简图绘制：在问题 1 收集的产品中，每个运动副选 1 个产品对其进行运动机构简图的绘制。

第5章
/折叠结构

/知识体系图

/学习目标

知识目标

1. 了解折叠结构的定义。

2. 掌握折叠结构中运动副的应用。

3. 掌握折叠机构的分类与应用。

技能目标

1. 分析实际产品中折叠结构的应用与工作原理。

2. 利用折叠结构进行产品创新思考与设计。

/5.1/ 折叠结构的定义

折叠在字面意思上理解由"折"和"叠"两个变化组合而成，字典中对折叠的解释是把物体的一部分折过来与另一部分挨在一起。折叠结构是一种用时展开、不用时可折叠收起的结构。折叠结构具有两种稳定状态：完全折叠状态和完全展开状态。折叠时，折叠结构一般呈捆状，体积较小，便于储存和运输；需要时，折叠结构可以展开到工作状态。

折叠结构具有有效利用空间、便于携带、一物多用（如折叠餐桌）、安全（如折叠剪刀、折叠刀）、降低储运成本、便于分类管理等价值。

/ 5.2 / 折叠结构中的运动副

折叠结构的两个稳定状态是通过构件间的运动副来实现的。在折叠结构中经常使用的运动副有转动副、球面副、圆柱副、移动副和螺旋副五种。

（1）转动副在折叠结构中的使用

采用转动副可实现产品在平面内的折叠。如图5-1所示，手机无线充电支架通过转动副实现开启与闭合；笔记本电脑支架的底座与支撑杆、支撑杆与托板之间均采用转动副实现开启与收缩。采用阻尼转轴，可以在支架展开后提供足够的支撑力，并保证高频率、长时间使用而不松动。

图 5-1 旋转副及其在折叠结构中的应用

如图5-2所示，根据构件布局和几何形式的不同，转动副形成的折叠结构可分为V形、X形、T形和M形4种样式。

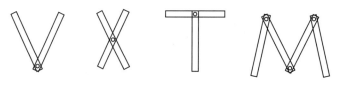

图 5-2 转动副折叠结构形式

（2）球面副在折叠结构中的使用

球面副可实现旋转副的折叠功能，但比旋转副拥有更多的自由度。因此，采用球面副可实现产品在空间内的折叠。

如图5-3所示为球面副在车载无线充电器和手机支架之间中的应用，实现了手机在空间内的各方向旋转。

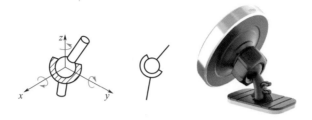

图 5-3　球面副在车载无线充电器和手机支架之间的应用

（3）圆柱副和移动副在折叠结构中的使用

如图 5-4 所示，圆柱副和移动副能够实现产品的伸缩折叠。钓椅四个腿的升降功能就是通过圆柱副折叠机构来实现的；手机支架则是通过移动副和旋转副来实现伸缩和折叠的。

应用圆柱副和移动副折叠结构时，如果所需的支撑力不大，利用圆柱副和移动副构件之间的摩擦力即可保证产品的稳定性；如果所需的支撑力较大，产品中常常需要辅助的锁死机构来满足产品的稳定性。

图 5-4　圆柱副和移动副及其在折叠结构中的应用

（4）螺旋副在折叠结构中的应用

螺旋副具有与圆柱副同样的伸缩功能，可以实现产品的伸缩折叠。由于螺旋副本身具有自锁功能，所以大部分螺旋副折叠结构不需要辅助的锁死机构。

如图 5-5 所示为螺旋副在口红和固体胶中的应用。

图 5-5　螺旋副在口红和固体胶中的应用

/ 5.3 / 折叠结构的分类与应用

折叠的产品众多，可将其分为折结构和叠结构。折结构又分为轴心式和平行式。叠结构又分为重叠式、套叠式、卷式和螺旋式。

折叠方式和常见应用产品如表5-1所示。

表 5-1　折叠方式和常见应用产品

折叠方式		常见应用产品
折结构	轴心式	折扇、剪刀、雨伞、瑞士军刀、折叠自行车、折叠沙发等
	平行式	手风琴、纸灯、皮老虎、拉闸门、机场活动通道等
叠结构	重叠式	一次性纸杯、碗、碟、椅子、脸盆、超市购物车等
	套叠式	俄罗斯套娃、望远镜、收音机天线、相机镜头、美工刀等
	卷式	钢卷尺、钓鱼线、卷闸门、卷筒纸、布匹、木工墨斗等
	螺旋式	固体胶、口红、千斤顶、螺旋升降椅等

（1）轴心式

轴心式折叠结构是指以圆心或轴心为基准的折叠构造。这类结构应用中最直观的物品是折扇（图5-6），所以轴心式折叠结构又称为"折扇型"折叠结构。

轴心式折叠结构有一轴、两轴和多轴的产品，它们都有一个共同的特点，即一对相邻的构件通过中间的转动副进行连接，并且在平面内可以自由地转动。如图5-7所示的剪刀由两个旋转刀片和连接它们的中间轴销组成，通过手部运动完成剪刀两个状态的改变，进而实现剪裁的功能。

轴心式是最基本也是应用最广的折叠形式。如图5-8~ 图5-11所示为常见轴心式折叠产品。

（2）平行式

平行式是利用几何学上的平行原理进行收纳与展开的折叠构造，其典型代表是手风琴，所以平行式也称"手风琴型"。平行式可分为伸缩式和径向型两种主要的结构形式。

图 5-6　折扇

图 5-7　剪刀

图 5-8　折叠灯

图 5-9 折叠风扇

图 5-10 折叠头盔

图 5-11 折叠工具箱

① 伸缩式平行折叠：产品沿直线进行压缩与延伸，来改变其形体大小。该类产品的主要特点是横截面沿直线呈周期性均布，在展开时其周期单体往往是一种类似"W"的形态；在收缩时，主要收缩的便是"W"的中间凹陷部分。常见的有折叠门（图 5-12）、伸缩晾衣架（图 5-13）、折叠水桶（图 5-14）等。

图 5-12 折叠门

图 5-13 伸缩晾衣架

图 5-14 折叠水桶

② 径向型平行折叠：每个折叠单元基本相同，沿径向进行平行折叠。这类折叠结构的特点是在其折叠轨迹上，不是单纯地改变方向，而是沿着一个有规律的弧度方向。径向型平行折叠一般可通过旋转副和移动副结合运用来实现。

如图 5-15 所示为可变直径的车轮，车轮主体由 6 个基本的变径单元组成；每个变径单元主要由伸缩杆、内圆弧部和外圆弧部等组成；内外圆弧部通过铰链首尾相连形成闭合的圆环状；伸缩杆相连于内圆弧部，伸缩杆伸长时推动内圆弧部在径向向外延伸，内圆弧部又带到外圆弧部径向延伸，从而完成车轮的径向增加；同理，当伸缩杆收缩时，带动内、外圆弧部径向收缩，实现车轮直径的缩小。当伸缩杆收缩到极限位置时，外圆弧部形成相连的圆环状。小径状态下结构紧凑，用于小空间与平整路面；大径状态下轮辙仍连续且具有较高的轮缘平整度，通过性较好，用于路面复杂场合。

变径轮可用于矿难后井下救援、震后救灾与灾区探测的设备上以提高探测器的越障能力；可用于研制面向月球探测等复杂地形的高通过性行走机构的设计上；将变径机构用于起重机吊头，很容易实现水泥管的吊装，尤其是水泥管不易安装的场合 [图 5-15（b）]。

如图 5-16 所示的折叠笼屉也采用了径向平行折叠结构。

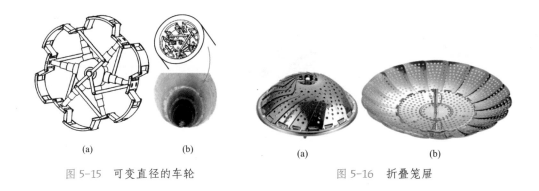

图 5-15　可变直径的车轮　　　　　　图 5-16　折叠笼屉

（3）重叠式

"叠"结构的特征是同一种产品在上下或者前后可以相互容纳而便于重叠放置，从而节省整体堆放空间。常见产品如叠放在一起的凳子、碗碟（上下重叠）、超市购物车（前后重叠）。

图 5-17 中的凳子和图 5-18 中的超市购物车都应用了重叠式摆放方式。

（4）套叠式

套叠式可分为系列产品的大小套叠、同一产品大小构件的套叠、同一产品构件间的滑动套叠 3 种形式。

① 系列产品的大小套叠：由一系列大小不同但形态相同的物品组合在一起，特征是"较大的"完全容纳"较小的"。典型产品是俄罗斯传统玩具套娃（图 5-19）。

图 5-17　凳子　　　　　　图 5-18　购物车　　　　　　图 5-19　套娃

② 同一产品大小构件的套叠：同一产品由不同大小的部分组成，在套叠的折叠过程中，产品的截面沿着套叠的运动轨迹呈现出一种阶梯状递变的状态。此类产品有收音机天线、鱼竿、折叠凳（图 5-20）、折叠水桶（图 5-21）、折叠头盔（图 5-22）以及一些文具用品等。

③ 同一产品构件间的滑动套叠："套"的另一种形态是滑动式，通过套筒的滑动来调节形体，实现一定的功能或空间的节省。典型代表是望远镜、长焦距照相机。

图 5-20 折叠凳

图 5-21 折叠水桶

图 5-22 折叠头盔

通过滑动的形式来改变产品的"折叠"与"开启"形态。此类折叠更加强调构件之间的包含关系。如滑动式美工刀（图 5-23），主要由刀片、金属刀鞘、刀身、旋转开关、刀仓开口等组成。刀身、金属刀鞘、刀仓开口的组合体形成包裹刀片的产品外壳，并为刀片相对外壳的滑动运动提供了导轨。刀片沿金属刀鞘做直线滑动，实现了刀片与外壳的相对伸缩，完成了美工刀的"开启"与"折叠"。与美工刀具有相似结构原理的还有一些文件产品，如滑动式橡皮（图 5-24）。

滑动式折叠结构也经常用在电子产品中，如滑动式 U 盘（图 5-25）、滑动式手机（图 5-26）、滑动式指纹锁等。

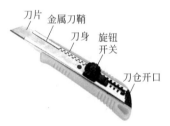
图 5-23 滑动式美工刀

图 5-24 滑动式橡皮

图 5-25 滑动式 U 盘　图 5-26 滑动式手机

（5）卷式

卷式结构可以使物品重复地展开与收拢，从造纸厂出厂的纸张和用于制作服装的坯布都是"卷"式形态。最典型的产品就是钢卷尺（图 5-27），其结构和工作原理在本书第 3 章中进行了详细介绍，在此不再赘述。

卷式折叠结构还应用在诸如卷闸门、遮阳棚、电动可伸缩的渔具、消防水管、收线器、办公用品等产品上。

如图 5-27~ 图 5-30 所示为卷式折叠结构在产品中的应用案例。

（6）螺旋式

螺旋式结构的产品是利用螺旋的结构来实现产品上下或左右方向上的移动从而达到折叠的目的。常见的螺旋式折叠产品有千斤顶、固体胶、口红、螺旋升降椅等。

图 5-27 钢卷尺 　　图 5-28 伸缩网线 　　图 5-29 修正带 　　图 5-30 鱼线轮

【思考与练习】

1. 产品收集：按照折叠结构的分类，就轴心式、平行式、重叠式、套式、卷式、螺旋式折叠结构产品进行收集整理，每种收集 5 个产品，绘制出其折叠示意图，并对其进行简要说明。

2. 产品拆装与建模：对问题 1 中收集的产品进行实物拆装与计算机建模，感受产品的折叠关系与结构处理方法。

3. 产品创新设计：针对座椅、桌子、工具箱、文具盒、自行车、行李箱、小拖车、安全头盔等进行结构创新设计。

第 6 章
/ 常用动力装置

/ 知识体系图

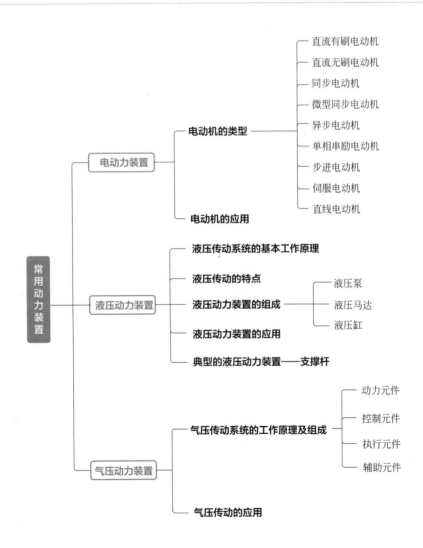

/学习目标

知识目标

1. 了解各种电动机的特点与适用产品。
2. 了解液压动力装置的特点、组成与应用。
3. 了解气压动力装置的特点、组成与应用。

技能目标

在产品设计中选择合适的动力装置。

动力装置是指利用化学能、原子能、水能、风能、电能、压力能等产生原动力的装备，由原动机和其辅助机械、仪表组成。在产品中，各类动力装置将不同形式的能量转化为机械能，为产品提供必要的动力。

按照动力装置所采用的动力源，常用动力装置分为电动力装置、液压动力装置和气压动力装置。本章重点介绍电动力装置、液压动力装置和气压动力装置的类型、优缺点以及在产品中的应用。

/ 6.1 / 电动力装置

电能是现代能源中应用最广泛的二次能源，它的产生和变换比较经济，分配比较容易，使用和控制比较方便。电能的生产、变换、传输、分配、使用和控制都离不开电动机。电动机是将电能转换为机械能的装置。电动机可以改变转速、转动方向，被广泛应用于家电、交通工具、工程机械等产品中。

典型的电动力装置通常由电动机和一些辅助装置共同构成。辅助装置包括启动、制动、换向、调速和保护等部件。由电动机拖动生产机械，并完成一定工艺要求的系统，称为电力拖动系统。如图6-1所示，电力拖动系统一般由控制设备、电动机、传动机构、执行机构和电源五部分组成。电动机作为原动机，通过传动机构带动执行机构执行指定任务；控制设备通过控制电动机的运动，进而对执行机构的运动实现自动化控制；电源为电动机和其他电气设备供电。

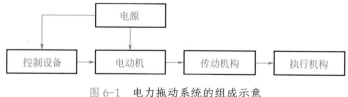

图 6-1　电力拖动系统的组成示意

6.1.1 电动机的类型

根据电动机的运行方式可分为旋转电动机和直线电动机，旋转电动机又分为动力电动机和控制电动机。图 6-2 列出了电动机的分类。

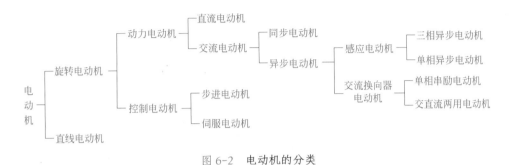

图 6-2 电动机的分类

6.1.1.1 直流有刷电动机

直流有刷电动机是将直流电能转换为机械能的电动机。如图 6-3 所示，直流有刷电动机主要由定子、转子、电刷、风扇、前端盖和后端盖等组成。

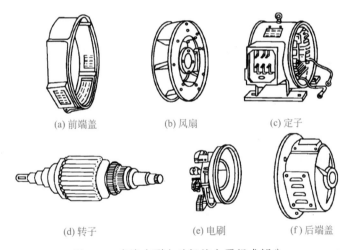

(a) 前端盖   (b) 风扇   (c) 定子

(d) 转子   (e) 电刷   (f) 后端盖

图 6-3 直流有刷电动机的主要组成部分

（1）直流有刷电动机的缺点

相对于三相交流异步电动机而言，直流有刷电动机结构复杂，维修较烦琐。

（2）直流有刷电动机的优点

① 调速性能好，调速范围广，易于平滑调节。

② 启动、制动时转矩大,易于快速启动。

③ 易于控制。

(3)直流有刷电动机的应用

由于直流有刷电动机的调速性能好、启动转矩较大,对调速要求较高的产品或者需要较大启动转矩的产品往往采用直流有刷电动机驱动。直流有刷电动机在工业设备、交通工具、家电产品中都有广泛应用。

① 工业设备:中大型龙门刨床、矿山竖井提升机、起重设备等调速范围大的大型设备。

② 交通工具:电力机车、电动汽车、电动自行车等。

③ 家电:电吹风、手电钻、电动缝纫机、电动玩具等。

6.1.1.2 直流无刷电动机

直流有刷电动机的主要优点是调速和启动特性好,因而被广泛应用于各种驱动装置和伺服系统中。但是,直流有刷电动机有电刷和换向器,其间形成的滑动机械接触严重影响了电动机的精度、性能和可靠性。所产生的火花会引起无线电干扰,缩短电动机寿命。换向器电刷装置使直流有刷电动机结构复杂、噪声大、维护困难。

因此,长期以来人们都在寻求可以不用电刷和换向器的直流电动机。直流无刷电动机利用电子开关和位置传感器替代电刷和换向器,使这种电动机既具有直流有刷电动机的特性,又具有交流电动机结构简单、运行可靠、维护方便的优点。它的转速不再受机械换向的限制。

(1)直流无刷电动机的优点

① 具有传统直流有刷电动机的优点,同时取消了碳刷、滑环结构。

② 可以低速大功率运行,可以省去减速器直接驱动大的负载。

③ 体积小、重量轻、出力大。

④ 转矩特性优异,中、低速转矩性能好,启动转矩大,启动电流小。

⑤ 无级调速,调速范围广,过载能力强。

⑥ 不产生火花,特别适合爆炸性场所,有防爆型。

(2)直流无刷电动机的应用

直流无刷电动机的应用十分广泛,如汽车、电动工具、工业工控、自动化以及航空航天等。总体来说,直流无刷电动机有以下三种主要用途。

① 持续负载应用：主要用于需要一定转速但是对转速精度要求不高的领域，比如风扇、抽水机、吹风机等的应用。

② 可变负载应用：主要是转速需要在某个范围内变化的应用，如家用器具中的甩干机、工业中的压缩机；汽车工业领域中的油泵控制、电控制器、发动机控制等。

③ 定位应用：大多数工业控制和自动控制方面的应用属于这个类别。

6.1.1.3　同步电动机

同步是相对于异步而言的，是指这种电动机在正常工作时，电动机始终保持同步转速不变。而不是像异步电动机一样，转速随负载的变化而变化。

（1）同步电动机的优点

① 电动机始终保持同步转速不变，不随负载或电源电压的变化而改变。

② 电励磁的同步电动机可以通过改变励磁来调节功率因数，可以运行于功率因数为1的状态，甚至可以超前。

③ 永磁同步电动机不需励磁，没有励磁损耗，也不需从电网吸收无功功率，效率和功率密度非常高，是一种非常有潜力的电动机。

（2）同步电动机的缺点

① 同步电动机不能自己启动，必须用另一台电动机或特殊辅助绕线使其达到适当的频率后才可接通交流电。

② 当负载改变而使转速改变时，转速会与交流电频率不合，促使其步调紊乱，趋于停止或引起损坏。

③ 永磁存在失磁问题，电励磁存在滑环和电刷，可靠性不如异步电动机。

（3）同步电动机的应用

① 同步电动机主要用作发电机，人们目前所用的电能，99%以上是同步发电机发出来的。

② 也可以用作电动机，一般用于功率较大、转速不要求调节的生产机械，例如大型水泵、空压机、矿井通风机等。

6.1.1.4　微型同步电动机

近年来由于永磁材料和电子技术的发展，微型同步电动机得到越来越广泛的应用。在自动控制系统中，往往需要恒转速传动装置，要求电动机具有恒定不变的转速，即要求电动机的转速不随负载或电源电压的变化而改变。而微型同步电动机就是具有这种特性的电动机。

微型同步电动机的应用：

① 录像机、录音机、电唱机、传真机等装置；

② 在自动控制系统中也可作为执行元件，例如复印机的微调机构等采用低速旋转的微型同步电动机最为合适。

6.1.1.5　异步电动机

异步电动机分为感应电动机和交流换向器电动机，感应电动机又分为三相异步电动机和单相异步电动机。异步电动机是将转子置于旋转磁场中，在旋转磁场的作用下获得一个转动力矩，驱动转子转动的装置。异步电动机广泛应用于国民经济和日常生活的各个领域，是生产量最大、应用最广的电动机。

（1）异步电动机的优点

① 结构简单，制造、使用和维护方便。

② 运行可靠，效率较高，价格低廉，坚固耐用。

（2）异步电动机的缺点

① 必须从电网吸取无功功率以建立旋转磁场，这会使电网的功率因数变差，而且运行时受电网电压波动影响较大。

② 启动性能和调速性能都不如直流电动机。

（3）异步电动机的应用

用于拖动各种生产机械，功率范围从几十瓦至数千千瓦，应用范围非常广泛。

① 工业：机床、风机、泵、压缩机、矿山机械、轻工机械等。

② 农业：水泵、脱粒机、粉碎机、加工机械等。

③ 民用：电风扇、洗衣机、电冰箱、空调等。

6.1.1.6　单相串励电动机（交直流两用电动机）

单相串励电动机具有电刷和换向器，属于交流换向器电动机中的一种，因其既可使用直流电源又可使用交流电源，所以又称为交直流两用电动机（或称通用电动机）。单相串励电动机具有启动转矩大、过载能力强、转速高、体积小、重量轻等优点。因而，它被广泛用于各种电动工具和日用电器中，在一些小型机床、医疗器械中也有使用。

（1）单相串励电动机的优点

① 启动性能好、启动转矩大：单相串励电动机具有较好的启动性能，启动转矩大，启动电流也很大。启动后随着转速的上升电流减小，因此适合在启动困难的场合使用。

② 转速高、调速方便：单相串励电动机的转速可高达 4000~40000r/min，因而特别适合应用在需要高转速的设备中。如电动工具的电动机最高转速为 15000r/min 左右；医疗器械的电动机最高转速可达 20000r/min 左右；而家用吸尘器则要求电动机最高转速达 30000r/min。

（2）单相串励电动机的缺点

① 换向性能差：单相串励电动机的突出缺点是换向性能差，换向火花大，产生的无线电干扰强，这在很大程度上影响了电动机的性能和使用寿命。

② 这种电动机运行时产生的振动和噪声也比一般直流电动机大得多。

（3）单相串励电动机的应用

① 电动工具：手电钻、冲击钻、电刨、电锯、电动螺丝刀等。

② 医疗器械：牙钻等。

③ 家用电器：电吹风、吸尘器、绞肉机、豆浆机等。

6.1.1.7　步进电动机

随着科技的发展，电动机在实际应用中的重点已经开始从过去简单的传动向复杂的控制转移；尤其是对电动机的速度、位置、转矩的精确控制。控制电动机可分成步进电动机、伺服电动机等。

如图 6-4 所示，步进电动机是一种将电脉冲转化为相应的角位移或线位移的执行机构。当接收到一个脉冲信号时，它就按设定的方向前进一步，输出角位移或线位移量与输入脉冲数成正比，而转速与脉冲频率成正比。可以通过控制脉冲的数量来控制电动机的角位移或线位移量，从而达到精确定位的目的。同时还可以通过控制脉冲频率来控制电动机转动的速度和加速度，从而达到调速的目的。如图 6-5 所示为步进电动机系统构成示意。

步进电动机的输入是电脉冲信号，故又称为脉冲电动机。步进电动机的这种一个脉冲前进一步的特性，在数控开环系统中作为执行元件而得到广泛

图 6-4　步进电动机

应用，使数控系统简化，工作可靠，且可获得较高的控制精度。

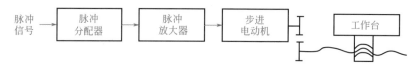

图 6-5　步进电动机系统构成示意

步进电动机的应用：数控机床、自动送料机、打印机、绘图仪等。如图 6-6 所示为由步进电动机作为执行件的数控铣床工作原理示意。

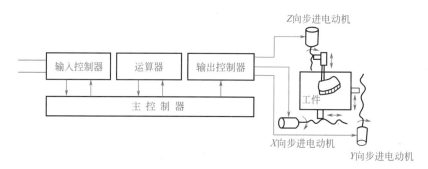

图 6-6　由步进电动机作为执行件的数控铣床工作原理示意

6.1.1.8　伺服电动机

伺服是指系统跟随外部指令进行人们所期望的运动，运动要素包括位置、速度、加速度和力矩。

伺服控制系统是所有机电一体化设备的核心，它的基本设计要求是输出量能迅速而准确地响应输入指令的变化，如机械手控制系统的目标是使机械手能够按照指定的轨迹进行运动。这种输出量以一定准确度随时跟踪输入量（指定目标）变化的控制系统称为伺服控制系统。因此，伺服系统也称为随动系统或自动跟踪系统。它是以机械量如位移、速度、加速度、力、力矩等作为被控量的一种自动控制系统。

如图 6-7 所示，伺服电动机又称为执行电动机，在自动控制和计算机装置中用作执行元件，具有服从控制信号的要求而动作的功能。信号来临前，转子静止不动；信号来到时，转子立即转动；信号消失时，转子可自行停转。它的任务是把输入的电信号转换为输出的机械转速，实现电信号参量到转速参量的转换。

伺服电动机在封闭的环里面使用，它随时把信号传给系统，同时利用系统给出的信号来修正自己的运转。

图 6-7　伺服电动机

如图 6-8 所示为伺服电动机系统构成示意。

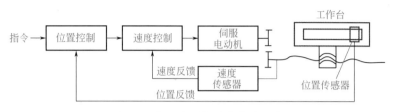

图 6-8 伺服电动机系统构成示意

伺服电动机分为直流和交流两大类，交流伺服电动机又分为异步伺服电动机和同步伺服电动机。最早的伺服电动机是一般的直流有刷电动机。随着永磁同步电动机技术的飞速发展，当前绝大部分的伺服电动机是交流永磁同步伺服电动机或者直流无刷电动机。

伺服电动机的应用：

① 交流伺服电动机的输出功率一般为 0.1~100W，广泛应用于各种自动控制、自动记录等系统中；

② 直流伺服电动机输出功率一般为 1~600W，通常应用于功率稍大的系统中，如随动系统中的位置控制等。

6.1.1.9 直线电动机

直线运动与旋转运动是最主要的两种运动方式。目前，很多直线运动都是通过旋转运动转换而成的。例如，火车的直线运动通过电力机车带动轮子转换；飞机的直线运动通过发动机转动螺旋桨进行转换等。许多直线驱动装置都是采用旋转电动机驱动中间转换装置转换为直线运动的。由于中间转换装置的存在，造成产品具有体积大、效率低、精度差等问题。随着直线电动机技术的出现和不断完善，用直线电动机驱动可以不需要中间转换装置，使整个产品的结构显得非常简单、紧凑，而且运行可靠、性能更好、控制更方便。

直线电动机的应用：

① 作为直线运动的执行元件，如机械手、电动门等；

② 用于机械加工产品，如电磁锤（图 6-9）、电磁打箔机等（图 6-10）；

③ 用于信息自动化产品，如笔式记录仪、平面电动机、平面绘图仪、硬盘的磁头驱动机构等。

如图 6-11 所示是笔式记录仪，它主要由可动线圈、运算放大器和反馈电位器组成。电桥平衡时，没有电压输出，这时直线电动机所带的记录笔处在仪表的指零位置。当外来信号 E_W 不等于零时，电桥失去平衡，运算放大器产生一定的输出电压，推动直线电动机的可动线圈做直线运动，从而带动记录笔在记录纸上把信号记录下来。同时，直线电动机还带动反馈电位器滑动，使电桥重新趋向平衡。

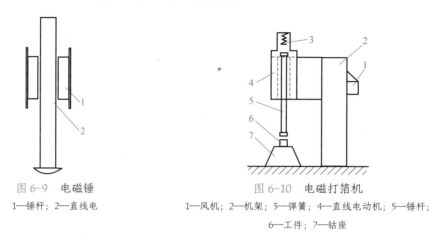

图 6-9　电磁锤

1—锤杆；2—直线电

图 6-10　电磁打箔机

1—风机；2—机架；3—弹簧；4—直线电动机；5—锤杆；

6—工件；7—钻座

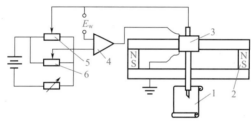

图 6-11　笔式记录仪

1—记录纸；2—永磁体；3—可动线圈；4—运算放大器；5—反馈电位器；6—调零电位器

由双轴组合的直线步进电动机可以构成平面电动机。如图 6-12 所示为平面电动机示意，该平面电动机是将两台直线步进电动机组合在一起，其中一台产生 X 轴方向的运动，另一台产生 Y 轴方向的运动。这样，平面式步进电动机不需要任何机械转换装置，就能够直接形成平面形式的运动。由于直线步进电动机的特殊结构和工作原理，使得两台直线步进电动机的组合变得十分简便。若采用三台直线步进电动机还可以做成三轴向的三维电动机。

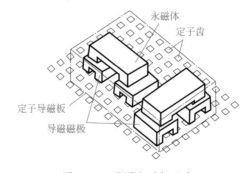

图 6-12　平面电动机示意

平面电动机的应用如下。

① 用于长距离的直线传输装置，如运煤车、新型电梯等。

② 用于高速磁悬浮列车。

6.1.2 电动机的应用

（1）电动机在电风扇、换气扇等电器中的应用

电风扇（图 6-13）、换气扇（图 6-14）都是由电动机直接带动扇叶朝固定方向转动而产生风的。单相异步电动机没有电刷等成为噪声源的接触部件，在低速转动状态下声音很低，因此被广泛应用于电风扇、换气扇等家用电器。

图 6-13　电风扇　　　　　　　　　　　　图 6-14　换气扇

（2）电动机在洗衣机中的应用

洗衣机采用的电动机主要有感应电动机、串励电动机、直接传动（Direct Driver，DD）式直流无刷电动机等种类。感应电动机一般用于低档双桶半自动、全自动洗衣机；串励电动机用于中档滚筒洗衣机；DD 式直流无刷电动机则用于高档滚筒洗衣机。

普通波轮式全自动洗衣机为了带动洗涤桶旋转使用了单相异步电动机，电动机和洗涤桶下端的减速器之间用传动带传递动力。如图 6-15 所示为全自动洗衣机传动示意。洗涤桶的底部有波轮（旋转翼），通过左右转动洗涤桶，形成涡流把污渍洗掉。

因为单相异步电动机在低速时无法产生高转矩（旋转力），所以像洗衣机这种需要高转矩的机械就需要减速器。在减速器的作用下，既能保证单相异步电动机在额定转速（高速）下提供高转矩，又能减速到洗衣机所需的转速（低速）。但减速器是由齿轮构成的，所以无法避免噪声的产生。

如图 6-16 所示为直接传动式全自动洗衣机传动示意。新式的直接传动式全自动洗衣机已经解决了因减速器而发出噪声的问题。这是因为采用了直流无刷电动机，直流无刷电动机通过增加极数可以在低速下产生高转矩，电动机安装在洗涤桶的下面直接驱动洗涤桶。因为不需要传动带、减速器，所以消除了因为中间传

动机构而产生的噪声。另外，可以通过电动机反转产生反流进行搅拌，达到洗涤的效果。

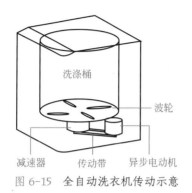

图 6-15 全自动洗衣机传动示意

图 6-16 直接传动式全自动洗衣机传动示意

（3）电动机在空调中的应用

空调制冷系统的压缩机和送风机使用的都是感应电动机。大型空调通过变频控制技术达到节能效果。为了静音、高效，空调也使用直流无刷电动机。调整风向的通风百叶窗的传动装置使用的是步进电动机。

空调制冷工作原理示意如图 6-17 所示。压缩机将气态的制冷剂压缩为高温高压的气态物，并送至冷凝器进行冷却，经冷却后变成中温高压的液态制冷剂进入干燥瓶进行过滤与去湿，中温液态的制冷剂经膨胀阀（节流部件）节流降压，变成低温低压的气液混合体（液体多），经过蒸发器吸收空气中的热量而气化，变成气态，然后回到压缩机进行压缩，继续循环进行制冷。

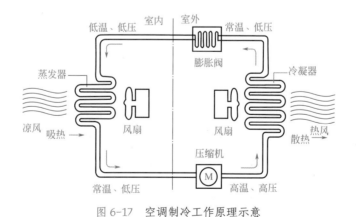

图 6-17 空调制冷工作原理示意

（4）电动机在冰箱中的应用

大部分冰箱压缩机采用的是感应电动机，也有的采用直流无刷电动机和小型直流有刷电动机。如图 6-18 所示为冰箱制冷工作原理示意。

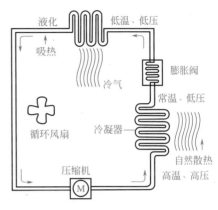

图 6-18 冰箱制冷工作原理示意

（5）电动机在电动工具中的应用

常用电动工具，如电钻、电动螺丝刀等都装有电动机，通过旋转进行钻洞、松紧螺钉。这类工具开始启动时，都需要很大转矩。所以这些电动工具通常使用启动时能产生大转矩的单相串励电动机。吸尘器、搅拌机等也使用单相串励电动机。大多数砂轮机使用感应电动机。便携式手持砂轮机、电磨等工具使用直流无刷电动机。由于直流无刷电动机可以高速转动，所以在金属、陶瓷上开高精度孔或在玻璃上雕刻花纹等时使用。

（6）电动机在电动汽车中的应用

目前电动汽车常用的电动机有直流电动机、单相串励电动机、永磁式电动机、开关磁阻电动机四种。

用直流电工作的单相串励电动机，在启动时流过大电流产生更大的动力。启动以后，旋转加速，电流逐渐变小。这种特性作为汽车动力是非常理想的，类似安装了变速器，所以驾驶起来非常容易。另外，单相串励电动机还因为拥有理想的运行特性，一直以来被用在电动汽车上。电动机用简单的机械开关切换串并联和通过接入电阻调整加到电动机上的电压，从而可以调整速度。单相串励电动机是目前大功率电动汽车上应用最广泛的电动机。

（7）电动机在机器人中的应用

机器人使用的电动机，动力部分主要为交流伺服电动机。机器人的流畅动作是通过使用伺服电动机和微型计算机的控制技术来实现的。

（8）个人计算机及周边设备中的电动机应用

个人计算机中使用的电动机要求低噪声、安静地旋转，大部分是无刷电动机。个人计算机里有硬盘和 CD/DVD 驱动器，这些部件都是要用电动机来驱动的运动部分。设计中，根据运动的方式不同来选择不同电动机以完成相应功能。例如，硬盘里有两种类型的电动机：一种是旋转硬盘用的无刷电动机；另一种是移动读取磁头的直线电动机。通过这两种电动机，从硬盘中读取数据、往硬盘写入数据。

个人计算机里有防止 CPU、显卡等温度上升的风扇，这些风扇要求安静地旋转，所以使用直流无刷电动机。个人计算机的外围设备中的打印机是要求能在正确的位置定位的机器，使用的是步进电动机。

（9）电动机在手机中的应用

手机里安装有振动电动机，在静音模式下会以振动的方式表示来电或来信息。

/ 6.2 / 液压动力装置

6.2.1 液压传动系统的基本工作原理

现以如图6-19所示的液压千斤顶为例，简述液件传动的工作原理。

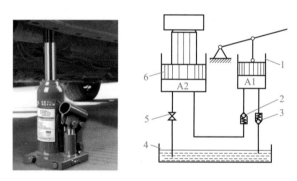

图6-19 液压千斤顶及其工作原理

1,6—液压缸；2,3—单向阀；4—油箱；5—截止阀

当向上抬起杠杆时，小活塞向上运动，液压缸1下腔容积增大，呈局部真空，于是油箱中的油液在大气压作用下，通过吸油管推开单向阀3进入小活塞下腔，此时单向阀2关闭，从而完成吸油。向下压杠杆时，小活塞下降，其下腔的密封容积减小，油受挤压，油压升高，单向阀3关闭，单向阀2打开，小活塞下腔的油液经管道进入液压缸6的下腔，大活塞向上移动，举起重物，从而完成一次压油。如此不断上下扳动杠杆，就可以不断地把油液压入液压缸6中，从而使重物逐渐升起，达到举重的目的。当杠杆停止动作时，液压缸6下腔的油液压力使单向阀关闭，从而保证重物不会自行下落。当工作结束时，打开截止阀5，液压缸6下腔的油液通过管道流回油箱4，大活塞在重物和自重的作用下向下移动，回到原始位置。

6.2.2 液压传动的特点

① 与电动机相比，在同等体积下，液压装置能产生更大的动力，也就是说，在同等

功率下，液压装置的体积小、重量轻、结构紧凑。

② 液压装置能做到对速度的无级调节，而且调速范围大，并且对速度的调节还可以在工作过程中进行。

③ 液压装置工作平稳，换向冲击小，便于实现频繁换向。

④ 液压装置易于实现过载保护，能实现自我润滑，使用寿命长。

⑤ 液压装置易于实现自动化，可以很方便地对液体的流动方向、压力和流量进行调节和控制，并能很容易地和电气、电子控制或气压传动控制结合起来，实现复杂的运动和操作。

⑥ 液压元件易于实现系列化、标准化和通用化，便于设计、制造和推广使用。

⑦ 由于液压传动中的泄漏和液体的可压缩性使这种传动无法保证严格的传动比。

⑧ 液压传动有较多的能量损失（泄漏损失、摩擦损失等），因此传动效率相对低。

⑨ 液压传动对油温的变化比较敏感，不宜在较高或较低的温度下工作。

⑩ 液压传动在出现故障时不易诊断。

6.2.3 液压动力装置的组成

液压动力装置先通过动力元件（液压泵）将原动机（如电动机）输入的机械能转换为液体压力能，再经密封管道和控制元件等输送至执行元件（如液压缸），将液体压力能又转换为机械能以驱动工作部件。一个完整的液压传动系统主要由动力元件、执行元件、控制元件、辅助元件和工作介质五部分组成。

动力元件：液压泵，其功能是将原动机输入的机械能转换成液体的压力能，为系统提供动力。

执行元件：液压缸、液压马达，其功能是将液体的压力能转换成机械能（输出力和速度或转矩和转速），以带动负载进行直线运动或旋转运动。

控制元件：方向阀、压力阀、流量阀，其作用是控制和调节系统中液体的压力、流量和流动方向，以保证执行元件达到所要求的输出力（或力矩）、运动速度和运动方向。

辅助元件：保证系统正常工作所需要的辅助装置，包括管道、管接头、油箱过滤器等。

工作介质：液压油。

（1）液压泵

液压泵是一种能量转化装置，将驱动它的原动机（一般为电动机）的机械能转换成油液压力能。液压泵按结构分为齿轮泵、柱塞泵、叶片泵和螺杆泵。

如图 6-20 所示为单柱塞液压泵的工作原理。偏心轮 1 旋转时，柱塞 2 在偏心轮 1 和弹簧作用下在泵体 3 中左右移动。柱塞右移时，泵体中的油腔（密封工作腔）容积变大，产生真空，油液便通过单向阀 4 吸入；柱塞左移时，泵体中的油腔容积变小，已吸入的油液便通过单向阀 5 输出到系统中去。由此可见，泵是靠密封工作腔的容积变化进行工作的，而输出流量的大小是由密封工作腔的容积变化大小来决定的。

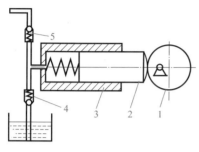

图 6-20　单柱塞液压泵的工作原理
1—偏心轮；2—柱塞；3—泵体；4,5—单向阀

（2）液压马达

液压马达是将液体的液压能转换为旋转运动的机械能的转化装置，是液压系统的执行元件。按照结构的不同，液压马达分为齿轮式、叶片式、柱塞式和其他类型。按照转速的不同，可分为高速和低速两类，额定转速高于 500r/min 的属于高速马达，额定转速低于 500r/min 的属于低速马达。

液压马达的应用，通常情况下是为了实现机械的旋转运动，一般只有在电动机不能满足要求的特殊场合，如需进行大范围的无级变速，或要求结构紧凑的地方才采用液压马达。

（3）液压缸

液压缸与液压马达一样，也是将液压能转换为机械能的一种能量转换装置，同为执行元件。与液压马达不同，液压缸将液压能转变成直线运动或摆动的机械能。液压缸的结构简单，工作可靠，应用广泛。根据结构特点分为活塞式、柱塞式、摆动式三大类。

6.2.4　液压动力装置的应用

（1）一般工业用液压系统

一般工业用液压系统包括塑料加工机械（注塑机）、压力机械（锻压机）、重型机械（废钢压块机）、机床（车床、平面磨床）等。如图 6-21 所示为注塑机。如图 6-22 所示为注塑机液压传动系统示意。如图 6-23 所示为锻压机。

图 6-21　注塑机

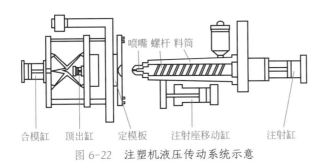

图 6-22　注塑机液压传动系统示意　　　　图 6-23　锻压机

（2）行走机械用液压系统

行走机械用液压系统包括工程机械（挖掘机）、起重机械（汽车吊）、建筑机械（打桩机）、农业机械（联合收割机）、汽车（刹车系统、转向器、减振器）等。如图 6-24 所示为挖掘机。如图 6-25 所示为打桩机。

图 6-24　挖掘机　　　　　　　图 6-25　打桩机

如图 6-26 所示为汽车液压刹车系统，主要由刹车踏板、真空助力器 1、制动主缸 2、制动组合阀 3、余压保持阀 4、计量阀 5、前轮盘式制动器 6、可调比例阀 7、后轮鼓式制动器 8、制动油管 9 等组成。

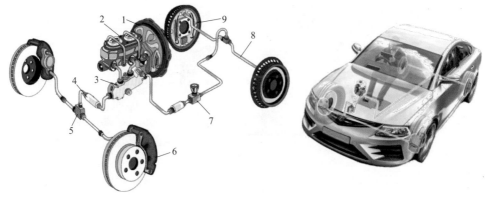

图 6-26　汽车液压刹车系统

1—真空助力器；2—制动主缸；3—制动组合阀；4—余压保持阀；5—计量阀；
6—前轮盘式制动器；7—可调比例阀；8—后轮鼓式制动器；9—制动油管

如图6-27所示为汽车制动原理示意，汽车液压制动系统由一个制动主缸3和四个制动轮缸（6、7）组成。制动主缸3的压力通过制动油管分向安装在四个轮子的刹车系统上的四个制动轮缸（6、7），制动轮缸活塞驱动刹车系统进行刹车。用脚踩踏制动踏板1，在真空助力器的辅助下，力通过杠杆传递到主缸的活塞上，推动制动液通过液压管道传到四个制动轮缸；主缸压力传过来后迫使两个活塞驱动刹车机构进行刹车。

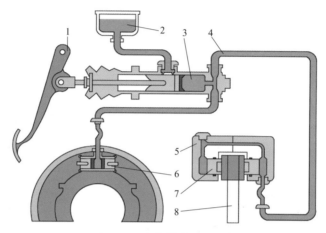

图6-27　汽车制动原理示意

1—制动踏板；2—储液缸；3—制动主缸；4—液压管路；5—制动钳；6，7—制动轮缸；8—制动盘

如图6-28所示，鼓式制动器主要由制动鼓、制动蹄、动轮轮缸、摩擦片、复位弹簧、顶杆等部分组成。其工作原理如图6-29所示。当踩下制动踏板时，推动制动主缸的活塞运动，进而在油路中产生压力，制动液将压力传递到车轮的制动轮缸，最后活塞推动制动蹄向外运动，使摩擦片与制动鼓发生摩擦，产生制动力，制动鼓固接在车轮上，实现刹车功能。

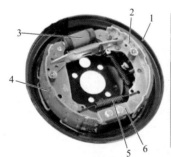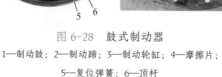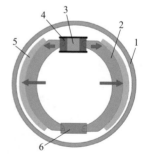

图6-28　鼓式制动器

1—制动鼓；2—制动蹄；3—制动轮缸；4—摩擦片；
5—复位弹簧；6—顶杆

图6-29　鼓式制动器工作原理

1—制动鼓；2—制动蹄；3—制动轮缸；
4—活塞；5—摩擦片；6—顶杆

如图6-30所示，盘式制动器也叫碟式制动器，主要由制动盘、制动钳、摩擦片、制动衬块等构成。如图6-31所示为其工作原理，当踩下制动踏板时，液压系统压力由制动主缸传至制动轮缸，推动活塞使摩擦片与随车轮转动的制动盘发生摩擦，从而达到制动的目的。

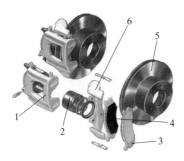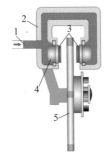

图 6-30 盘式制动器

1—制动钳；2—活塞；3—制动衬块；4—摩擦片；

5—制动盘；6—制动钳安装支架

图 6-31 盘式制动器工作原理

1—制动液；2—制动钳；

3—摩擦片；4—活塞；5—制动盘

（3）钢铁工业用液压系统

钢铁工业用液压系统包括提升装置（升降机）、冶金机械（轧钢机）、轧辊调整装置等。如图6-32所示为液压升降机。

（4）土木工程用液压系统

土木工程用液压系统包括矿山机械（凿岩机）、桥梁操纵机构、防洪闸门及堤坝装置（浪潮防护挡板）、河床升降装置等。如图6-33所示为液压凿岩机。如图6-34所示为液压升降坝。

图 6-32 液压升降机   图 6-33 液压凿岩机   图 6-34 液压升降坝

（5）船舶用液压系统

船舶用液压系统包括船头门、舱壁阀、甲板起重机械（绞车）、船艉推进器等。

（6）军事工业用液压系统

军事工业用液压系统包括舰船减摇装置、飞行器仿真、火炮操纵装置等。

6.2.5　典型的液压动力装置——支撑杆

支撑杆是一种可以起到缓冲、制动、支撑、高度和角度调节等功能的工业配件，它主要由活塞杆、活塞、密封导向套、填充物、压力缸、可控支撑杆和接头等组成。根据其特点及应用领域的不同，支撑杆又被称为气弹簧、调角器、气压棒、阻尼器等。支撑杆与普通弹簧相比其优点是速度相对缓慢，动态力变化不大，容易控制；缺点是相对体积没有螺旋弹簧小，成本高，寿命相对短。

如图6-35所示为支撑杆原理，它以惰性气体作为弹性介质，用油液密封润滑并传递压力。高压氮气或惰性气体和油液在缸内自成回路。活塞上的阻尼孔使有杆腔和无杆腔相通，使两腔压强相等。利用两腔受力面积差和气体的可压缩性产生弹力。

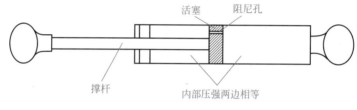

图 6-35　支撑杆原理

根据结构和功能的不同，支撑杆可分为自由型支撑杆、自锁型支撑杆、随意停支撑杆、阻尼器、阻尼铰链、牵引式支撑杆、转椅支撑杆、气压棒等几种。在汽车、航空、医疗器械、家具、机械制造等领域都有着广泛的应用。

（1）自由型支撑杆

自由型支撑杆（气弹簧）主要起支撑作用，只有最短和最长两个位置，在行程中无法自行停止。凭借其轻便、工作平稳、操作方便、价格优惠等特点，在汽车、工程机械、印刷机械、纺织设备等行业也得到了广泛的应用。如图6-36所示为各种类型的自由型支撑杆。

如图6-37和图6-38所示分别为自由型支撑杆在汽车和储物床上的应用。

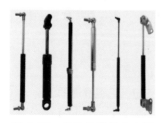

图 6-36　各种类型的自由型支撑杆

图 6-37　汽车上的自由型支撑杆

图 6-38　储物床上的自由型支撑杆

（2）自锁型支撑杆

自锁型支撑杆也称可控气弹簧、调角器。借助一些释放机构可以在行程中的任意位置停止，并且停止以后有很大的锁紧力。经常应用在家具、座椅、医疗设备中，用于产品高度和角度的调整。如图 6-39 所示为各种类型的可控气弹簧。

如图 6-40 所示为可控气弹簧工作原理。可控气弹簧主要由气缸、活塞、活塞杆、开关栓和调节杆组成。

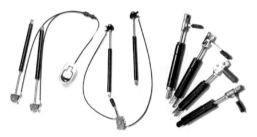

图 6-39　各种类型的可控气弹簧

图 6-40　可控气弹簧工作原理

① 可控弹簧伸展过程分析：扳动调节杆，开启开关栓，气缸上下两部分连通，压强相等，由于活塞上表面面积比下表面面积（需去除活塞杆的面积）大，上表面所受压力就大，压力差推动活塞向下移动，活塞杆向气缸外部伸展，支撑杆长度变大；关闭开关栓，气缸上下两部分隔离，活塞停止运动。

② 可控弹簧收缩过程分析：扳动调节杆，开启开关栓，气缸上下两部分连通，同时在气缸上施加向下的压力，迫使气缸下移，活塞杆向气缸内部收缩，支撑杆整体长度缩短；关闭开关栓，气缸上下两部分隔离，活塞停止运动。

如图 6-41 所示为可控气弹簧的产品应用。

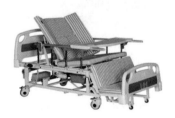

图 6-41　可控气弹簧的产品应用

（3）随意停支撑杆

随意停支撑杆（摩擦式支撑杆、平衡式支撑杆）的特点介于自由型支撑杆和自锁型支撑杆之间，不需要任何外部结构而能停在行程中的任意位置，但没有额外的锁紧力，主要应用在厨房家具、医疗器械等领域。

如图 6-42 所示为不同类型的随意停支撑杆。

图 6-42　不同类型的随意停支撑杆

如图 6-43 所示为随意停支撑杆的产品应用实例。

图 6-43　随意停支撑杆的产品应用实例

（4）阻尼器

阻尼器在汽车和医疗设备上都用得比较多，其特点是阻力随着运行的速度而改变，可以明显地对相连机构的速度起缓冲作用。

如图 6-44 所示为阻尼器在交通工具中的应用。

图 6-44　阻尼器在交通工具中的应用

（5）阻尼铰链

阻尼铰链（图 6-45）是铰链的一种，又称液压铰链，是一种利用液体的缓冲性能，缓冲效果理想的液压缓冲铰链，可降低冲击力，即使用力关门也会轻柔关闭。

图 6-45　阻尼铰链

如图 6-46 所示为阻尼铰链在产品中的应用实例。

图 6-46　阻尼铰链在产品中的应用实例

/ 6.3 / 气压动力装置

6.3.1　气压传动系统的工作原理及组成

气压传动系统是利用空气压缩机将电动机或其他原动机输出的机械能转变为空气的压力能，然后在控制元件的控制和辅助元件的配合下，通过执行元件把空气的压力能转变为机械能，从而完成直线或回转运动并对外做功。

（1）气压传动系统的组成

典型的气压传动系统一般由动力元件、控制元件、执行元件和辅助元件组成。

① 动力元件：即气源装置，是获得压缩空气的设备与装置。其主体部分是空气压缩机，它将原动机提供的机械能转变为气体的压力能，包括空气压缩机、气罐和空气净化装置等。

如图 6-47 所示为小型空气压缩机及其工作原理。当活塞向右移动时，气缸空间变大而形成负压，上面的单向阀在大气压力的作用下克服弹簧力而开启，空气进入气缸，形成吸气行程；当活塞向左移动时，对气缸内的空气进行压缩，此时上面的单向阀关闭，下面的单向阀在压缩气体的压力下开启，压缩气体充入下面的储气罐。

② 控制元件：是用来控制压缩空气的压力、流量、流动方向以及执行元件的工作程序，以便使执行元件完成预定运动的元件，主要包括压力阀、流量阀、方向阀、逻辑元件和行程阀等。

③ 执行元件：是将气体的压力能转换为机械能输送给工作部件的装置，包括气缸（直线运动）和气动马达（回转运动）。

如图 6-48 所示是气缸及其工作原理。气缸将空气压力能转换成直线运动的机械能。当左气孔为进气孔，右气孔为出气孔时，活塞和活塞杆右移；当右气孔为进气孔，左气孔为出气孔时，活塞和活塞杆左移。

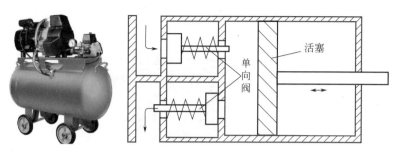

图 6-47　小型空气压缩机及其工作原理

图 6-48　气缸及其工作原理

　　气动马达是把压缩空气的压力能转换成旋转的机械能的装置。它的作用相当于电动机或液压马达，即输出转矩以驱动机构做旋转运动。由于气动马达不需要电源，因此可以在易挥发的气氛中使用。与电动马达不同，许多气动马达无需辅助减速器即可运行。气动马达的速度可以通过简单的流量控制阀进行调节，而无需昂贵且复杂的电子速度控制，只需调节压力即可改变气动马达的扭矩。气动马达不需要电磁启动器、过载保护或电动马达所需的其他许多支撑组件，并且气动马达产生的热量也少得多。

　　如图 6-49 所示是叶片式气动马达的工作原理。叶片式气动马达主要由转子 1、叶片 2、定子 3、气孔 4 和轴承 5 等组成。转子偏心安装于定子内，叶片在转子的槽内可径向滑动，由于转子偏心安装，所以不同叶片径向伸出的长度不同，当压缩气体从进气孔进入后，作用在叶片上的压力就不相等，从而产生所需扭矩，输出旋转运动。如需改变气动马达的旋转方向，只需改变进、排气孔即可。

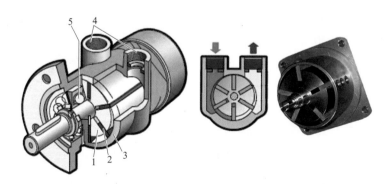

图 6-49　叶片式气动马达的工作原理

1—转子；2—叶片；3—定子；4—气孔；5—轴承

④ 辅助元件：是将压缩空气净化、润滑、消声以及元件间连接等所需的不可缺少的元件装置，包括过滤器、油雾器、消声器以及管件等，它们对保持气动系统可靠、稳定和持久工作起着十分重要的作用。

（2）气压传动的特点

气压传动的特点主要有以下几方面。

① 气压传动的工作介质是空气，它取之不尽，用之不竭。用后的空气可以排到大气中去，不会污染环境。

② 气压传动的工作介质黏度很低，所以流动阻力很小，压力损失小，便于集中供气和远距离输送。

③ 气压传动对工作环境适应性好，在易燃、易爆、多尘埃、强辐射、振动等恶劣工作环境下，仍能可靠地工作。

④ 气压传动动作速度及反应快。液压油在管道中的流动速度一般为 1~5m/s，而气体流速可以大于 10m/s，甚至接近声速，因此在 0.02~0.03s 内即可以达到所要求的工作压力及速度。

⑤ 气压传动有较好的自保持能力。即使压缩机停止工作，气阀关闭，气压传动系统仍可维持一个稳定压力。而液压传动要维持一定的压力，需要能源装置工作或在系统中加蓄能器。

⑥ 气压传动在一定的超负载工况下运行也能保证系统安全工作，并不易发生过热现象。

⑦ 气压传动系统的工作压力低，因此气压传动装置的推力一般为 10~40kN，仅适用于小功率的场合。在相同输出力的情况下，气压传动装置比液压传动装置尺寸大。

⑧ 由于空气的可压缩性大，气压传动系统的速度稳定性差，给系统的位置和速度控制精度带来很大影响。

⑨ 气压传动系统的噪声大，尤其是排气时，须加消声器。

⑩ 气压传动工作介质本身没有润滑性，如不采用无给油气压传动元件，需另加油雾器进行润滑，而液压系统无此问题。

6.3.2 气压传动的应用

因为以压缩空气为工作介质具有防火、防爆、防电磁干扰，抗振动、冲击、辐射，无污染，结构简单，工作可靠等特点，所以气动技术与液压、机械、电气和电子技术一起，互相补充，已发展成为实现生产过程自动化的一个重要手段，在机械工业、冶金工业、轻纺食品工业、化工、交通运输、航空航天、国防建设等各个行业中已得到广泛的应用。

（1）气动螺丝刀

如图 6-50 所示为气动螺丝刀及其内部结构。它主要由进气孔 1、开关 2、夹头 3、机身 4、正反转旋钮 5、排气孔 6 组成。其内部结构主要是一个叶片式气动马达，由转子 7、叶片 8、气缸 9、轴承 10、锤块 11 组成。

气动螺丝刀的工作原理为：按压开关 2→接通气路→由空气压缩机获得的高压空气通过进气孔 1 进入气缸，在叶片的作用下推动转子转动→螺丝刀转动→扭紧或松开螺栓。

（2）气钉枪

如图 6-51 为气钉枪，主要由气源接口 1、手柄 2、枪体 3、排气孔 4、活塞室 5、活塞 6、枪针 7、枪嘴 8、弹簧 9、扳机 10 和弹夹 11 等组成。

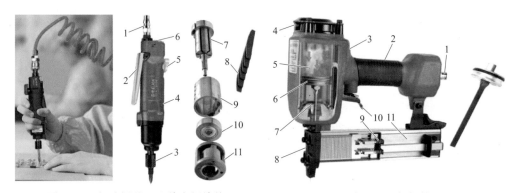

图 6-50　气动螺丝刀及其内部结构

1—进气孔；2—开关；3—夹头；4—机身；

5—正反转旋钮；6—排气孔；7—转子；8—叶片；

9—气缸；10—轴承；11—锤块

图 6-51　气钉枪

1—气源接口；2—手柄；3—枪体；4—排气孔；

5—活塞室；6—活塞；7—枪针；8—枪嘴；

9—弹簧；10—扳机；11—弹夹

气钉枪的工作原理为：扳动开关扳机 10→高压压缩气体进入枪体内的活塞室 5→推动活塞 6 和枪针 7 向下运动→枪针 7 将钉子沿着枪嘴 8 打出→高压气体通过排气孔 4 排出→弹夹内的弹簧 9 推动排钉前移→下一个排钉进入工位。

（3）油漆喷枪

如图 6-52 所示为油漆喷枪，主要结构有护圈 1、雾化帽 2、进料口 3、气压调节阀 4、扳扣 5、针嘴 6、进气口 7、枪体 8、流量旋钮 9、幅宽调节钮 10。

油漆喷枪的工作原理（图 6-53）为：由空气压缩机产生的压缩空气，经前部的雾化帽喷射出来时，就在与之相连的涂料喷嘴的前部产生一个比大气压低的低压区；在油漆喷枪口产生的这个压力差就把油漆从油漆储罐中吸出来，并在压缩空气高速喷射力的作用下，雾化成微粒喷洒在被涂物表面。

图 6-52　油漆喷枪

1—护圈；2—雾化帽；3—进料口；4—气压调节阀；5—扳扣；6—针嘴；

7—进气口；8—枪体；9—流量旋钮；10—幅宽调节钮

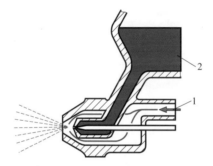

图 6-53　油漆喷枪的工作原理

1—压缩空气；2—油漆

【思考与练习】

1. 列举实际产品对电动力装置、液压动力装置、气压动力装置三者各自的特点、区别和主要应用领域进行简要说明。

2. 就直流电动机、交流电动机、步进电动机和伺服电动机在产品中的应用进行产品收集，每一类电动机收集 5 种应用产品，并对其功能的实现原理进行简要说明。

3. 产品创新设计：选择适当的电动机进行小产品、机构等创新设计，画出运动原理图，并对其进行简要说明。

第 7 章
/ 连续运动机构

/ 知识体系图

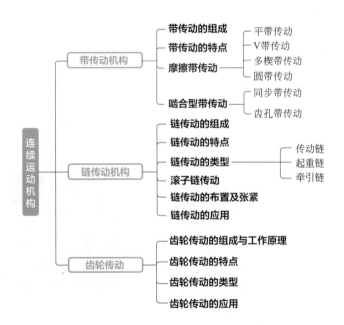

/ 学习目标

知识目标

1. 掌握各连续运动机构的组成和特点。

2. 了解各连续运动机构的产品设计应用。

技能目标

1. 分析连续运动机构在实际产品中的功能。

2. 利用连续运动机构进行产品创新思考与设计。

机器一般由原动机、传动机构和工作机三部分组成。原动机输出的运动和动力，按要求变换并传递到工作机构的过程称为传动；进行运动变换与传递的装置称为传动机构。传动可以通过机械机构、电力机构、液压机构、气压机构等形式来实现。传动机构有多种分类方法，按机构的结构特点可分为带传动机构、链传动机构、齿轮传动机构和蜗杆传动机构等；按机构运动方式可分为旋转运动机构、直线运动机构、曲线运动机构等。本章主要介绍实现连续运动的常见机构的工作原理及其在产品设计中的应用。

/7.1/ 带传动机构

挠性传动机构是通过中间挠性件传递运动和动力的机构，适用于两轴中心距较大的场合。与齿轮机构相比，挠性传动机构具有结构简单、成本低廉等优点，因此，被广泛应用于大型机床、农业机械、矿山机械、输送设备、起重机械、纺织机械、汽车、船舶等产品中。挠性传动机构分为带传动机构和链传动机构两大类。

7.1.1 带传动的组成

如图7-1所示，带传动由主动带轮1、传动带2和从动带轮3等组成。它是利用环状的挠性传动带紧箍两个带轮，在传动带与带轮之间产生摩擦力，将主动带轮的运动和动力传递给从动带轮。

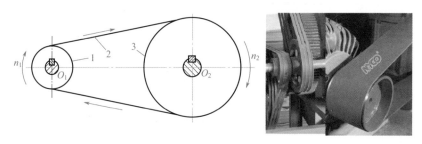

图7-1 带传动

1—主动带轮；2—传动带；3—从动带轮

根据传动原理不同，带传动可分为摩擦型带传动和啮合型带传动两种类型。

7.1.2 带传动的特点

与齿轮传动相比较，它具有下列优点。

① 可用于两轴中心距离较大的传动。

② 带具有良好的挠性，可缓和冲击和吸收振动，运转平稳，无噪声。

③ 当过载时，带与带轮间会出现打滑，可保护其他零件不受损坏。

④ 可实现交叉轴（主动轮与被动轮轴线交叉）传动。

⑤ 结构简单，制造费用低，维护方便。

⑥ 传动的外廓尺寸较大。

⑦ 由于带的弹性滑动，不能保证固定不变的传动比。

⑧ 轴及轴承上受力较大。

⑨ 传动效率较低。

⑩ 需要设置张紧装置。

⑪ 传动带的寿命较短，为 3000~5000h。

⑫ 因摩擦易产生静电，故不宜用于易燃、易爆的场合。

7.1.3 摩擦带传动

摩擦带传动通常由主动带轮、从动带轮和张紧在两轮上的挠性传动带组成。安装时传动带被张紧在带轮上，这时传动带所受的拉力称为初拉力，它使带与带轮的接触面间产生压力。主动带轮回转时，依靠带与带轮接触面间的摩擦力拖动从动带轮一起回转，从而传递一定的运动和动力。

如图 7-2 所示，摩擦带传动按带的截面形状不同又可分为平带传动、V 带传动、多楔带传动和圆带传动等类型。

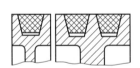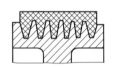

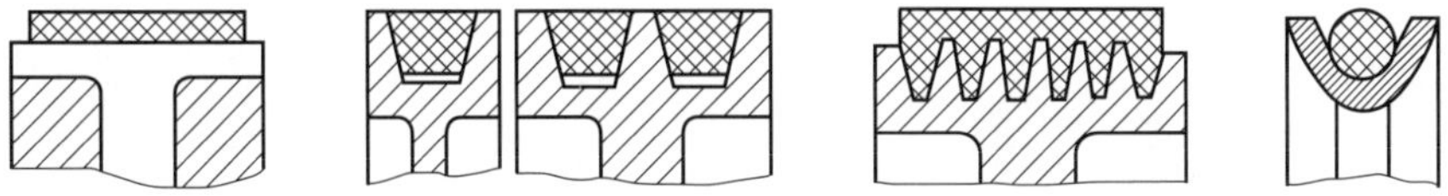

(a) 平带传动　　　　(b) V 带传动　　　　(c) 多楔带传动　　　　(d) 圆带传动

图 7-2　摩擦带传动的类型

平带传动中的平带结构简单、挠性大，带轮容易制造，多用于轮距较大的场合。V 带传动较平带传动能产生更大的摩擦力，故具有较大的牵引力，能传递较大的功率，但摩擦损失及带的弯曲应力都比平带大。V 带结构紧凑，所以一般机械中都采用 V 带传动。多楔带兼有平带的挠性和 V 带摩擦力大的优点，主要用于要求结构紧凑、传递功率较大的场合。圆带结构简单，承载较小，常用于医用机械和家用产品中。

（1）平带传动

常用的平带有皮革平带、帆布芯平带、编织平带及复合平带等。其中，以帆布芯平带使用最为广泛。平带传动有多种传动形式，主要包括开口传动、交叉传动、半交叉传动、有导轮的角度传动等。

如图7-3所示为开口传动。两带轮轮轴平行，转向相同；可双向传动；带在传动中只作单向弯曲，寿命长。

如图7-4所示为交叉传动。两带轮轮轴平行，转向相反；可双向传动；带在传动中受附加转矩，交叉处摩擦严重。

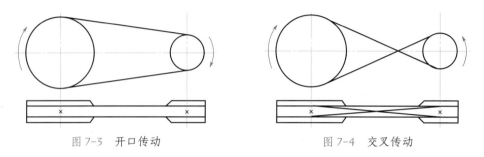

图7-3　开口传动　　　　　　　　　图7-4　交叉传动

如图7-5所示为半交叉传动。两带轮轮轴交错；只能单向传动；带受附加转矩。

如图7-6所示为有导轮的角度传动。两带轮轮轴线垂直或交错；两带轮轮宽的对称面应与导轮柱面相切；可双向传动；带受附加转矩。

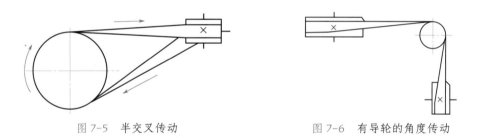

图7-5　半交叉传动　　　　　　　　图7-6　有导轮的角度传动

如图7-7所示为带式抛粮机，它主要由电动机1、带传动2、传动轮（3、7、11）、胶圈4、平带5、抛粮轮6、进粮口8、传感器9、抛粮口10、张紧轮12、张紧杆13、紧固螺钉14、脚轮15等组成。

带式抛粮机的工作原理为：电动机1转动，通过带传动2进行减速，将动力传递到传动轮3，平带5在摩擦力作用下传递运动和力，带动传动轮7、抛粮轮6和传动轮11转动，抛粮轮6由带传动获得很高的转速。抛粮轮外圈套有带有沟槽的胶圈4，当谷物从进粮口8进入后，被平带5和胶圈4夹持以同样快的速度运行，在平带5和抛粮轮6脱离处，谷物从抛粮轮切线方向被抛向远方。

（2）V带传动

① V带：是横截面为等腰梯形或近似为等腰梯形的传动带，其工作面为两侧面。V带的结构如图7-8所示，它由包布、顶胶、底胶及抗拉体4部分组成。包布用胶帆布

制成，对 V 带起保护作用。顶胶和底胶材料为橡胶。抗拉体是 V 带工作时的主要承载部分，结构有帘布芯和线绳芯两种。

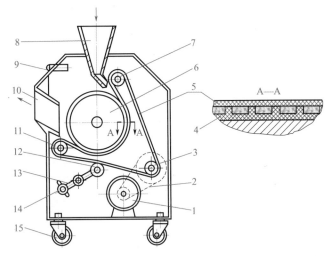

图 7-7　带式抛粮机

1—电动机；2—带传动；3，7，11—传动轮；4—胶圈；5—平带；6—抛粮轮；8—进粮口；9—传感器；
10—抛粮口；12—张紧轮；13—张紧杆；14—紧固螺钉；15—脚轮

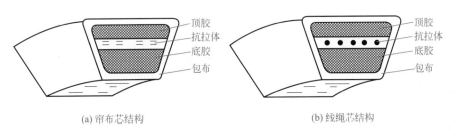

(a) 帘布芯结构　　　　　　　　　　　　(b) 线绳芯结构

图 7-8　V 带的结构

帘布芯结构的 V 带抗拉体强度较高，制造较方便。线绳芯结构的 V 带柔韧性好，抗弯强度高，但抗拉强度低，仅适用于载荷不大、小直径带轮、转速较高的场合。

V 带的尺寸已标准化，按截面尺寸自小到大，普通 V 带分为 Y、Z、A、B、C、D、E 七种型号。V 带绕在带轮上产生弯曲，外层受拉伸长，内层受压缩短，必有一个长度不变的中性层。中性层称为节面，节面的宽度称为 V 带的节宽 b_p。各型号 V 带截面的尺寸如表 7-1 所示。

V 带两侧面（工作面）的夹角称为带的楔角，α =40°。当 V 带工作时，其横截面积变形，楔角变小，为保证变形后 V 带仍可贴紧在 V 带轮的轮槽两侧面上，应将轮槽楔角适当减小。

表 7-1　各型号 V 带截面尺寸（摘自 GB/T 11544—2012）

V 带截面示意图		型号	节宽 b_p /mm	顶宽 b /mm	高度 h /mm	质量 q /（kg/m）	楔角
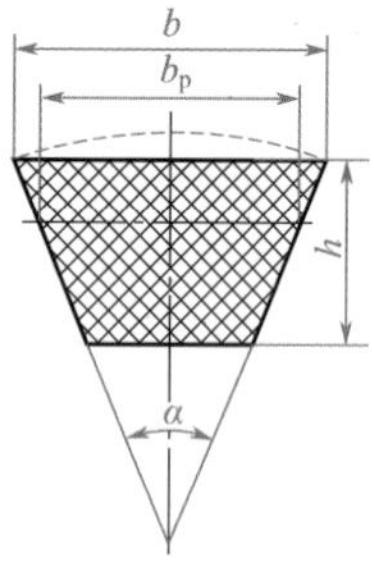	普通V带	Y	5.3	5.0	4.0	0.04	$\alpha = 40°$
		Z	8.5	10.0	5.0	0.06	
		A	11.0	13.0	8.0	0.10	
		B	14.0	17.0	11.0	0.17	
		C	19.0	22.0	14.0	0.30	
		D	27.0	32.0	19.0	0.60	
		E	32.0	38.0	25.0	0.87	

② V 带轮：V 带轮是 V 带传动的重要零件，它必须具有足够的强度，但又要质量轻且分布均匀；轮槽的工作面对 V 带必须有足够的摩擦，又要减少对带的磨损。

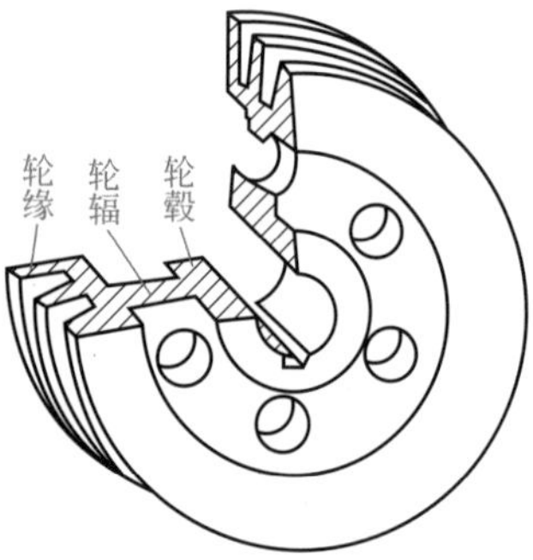

V 带轮常用材料有灰铸铁、铸钢、铝合金、工程塑料等，其中灰铸铁应用最广。对于带速 $v \leqslant 30m/s$ 的 V 带传动，带轮一般采用 HT160~HT200 材料制造。带速更高、传递功率较大或特别重要的场合可采用铸钢，铝合金和塑料带轮多用于小功率的带传动。

如图 7-9 所示，普通 V 带轮一般由轮缘、轮毂及轮辐组成。轮缘截面上各型号轮槽尺寸如表 7-2 所示。

图 7-9　V 带轮

表 7-2　轮缘截面上各型号轮槽尺寸　　　　　单位：mm

参数	Y	Z	A	B	C	D	E
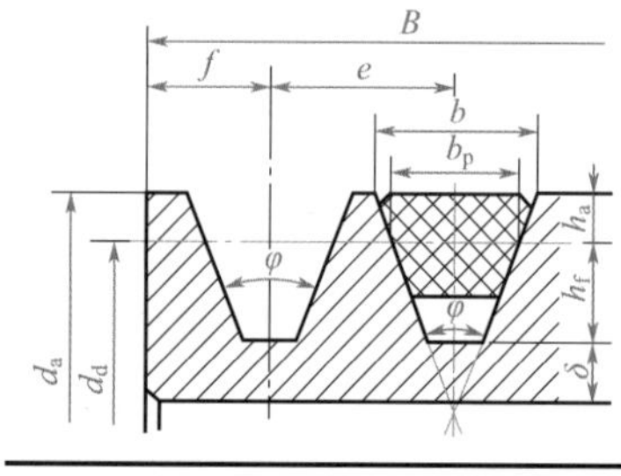 $h_{f_{min}}$	4.7	7	8.7	10.8	14.3	19.9	23.4
$h_{a_{min}}$	1.6	2.0	2.7	3.5	4.8	8.1	9.6
e	8.0 ±0.3	12.0 ±0.3	15.0 ±0.3	19.0 ±0.4	25.5 ±0.5	37.0 ±0.6	44.5 ±0.7

根据带轮直径的大小以及结构特点，普通 V 带轮可分为实心式、辐板式、孔板式及轮辐式 4 种类型。

如图 7-10 所示为实心 V 带轮。d_d 小于 180mm 的小带轮多采用实心 V 带轮。

如图 7-11 所示为辐板 V 带轮。如图 7-12 所示为孔板 V 带轮。d_d 为 180~360mm 的中等齿轮，采用辐板或孔板 V 带轮。

如图 7-13 所示为轮辐 V 带轮。d_d 大于 360mm 的大带轮，采用轮辐 V 带轮。

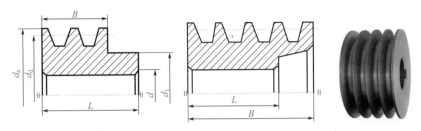

图 7-10　实心 V 带轮

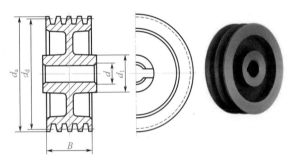

图 7-11　辐板 V 带轮

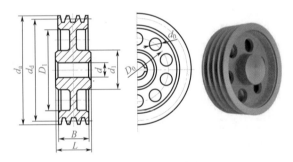

图 7-12　孔板 V 带轮

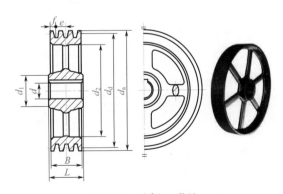

图 7-13　轮辐 V 带轮

如图7-14所示为木工圆锯机,它主要由电动机1、带传动2、工作台3、圆锯片4、锯片罩5和导板6组成。

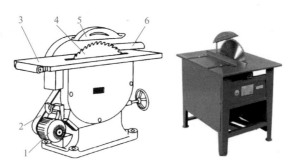

图7-14　木工圆锯机
1—电动机;2—带传动;3—工作台;4—圆锯片;5—锯片罩;6—导板

木工圆锯机的工作原理为:电动机1通过带传动2减速,带动安装在主轴上的圆锯片4旋转,木材固定于导板6上,随导板在工作台3上移动,当木材接触到圆锯片时,木材沿锯片径向方向被切割。锯片罩5起到保护作用,避免误伤。在此产品中带传动不仅起到传递运动与力的作用,同时也起到减速的作用。

③V带传动的张紧装置:V带传动依靠带与带轮间的摩擦力来实现,因此在V带与带轮间保持适当的接触压力,或者说让V带保持适当的张紧度,对传动的有效性是非常重要的。若V带张紧过度,使轴与轴承承受过大的径向力,则不利于机器的运转,且会降低V带的使用寿命。若V带张紧不足,则传动能力降低,甚至在正常的载荷下因带与带轮间打滑而使传动失效。

使V带达到适宜的张紧度是正确安装的要求之一。但随着使用时间的加长,V带在拉力持续作用下会"蠕变"伸长,原本张紧的V带会逐渐地松弛下来。为保证V带传动的能力,应定期检查预紧力的数值。如发现不足,必须重新张紧,才能正常工作。常见的张紧装置有定期张紧装置、自动张紧装置和张紧轮张紧装置。

a.定期张紧装置:采用定期改变中心距的方法来调节V带的预紧力,使V带重新张紧。在水平或倾斜不大的传动中,可用如图7-15所示的方法,将装有带轮的电动机安装在有滑道的基板上。要调节V带的预紧力时,松开基板上各螺栓的螺母,旋动调节螺钉,将电动机向右推移到所需的位置,然后拧紧螺母。在垂直的或接近垂直的传动中,可用如图7-16所示的方法,将装有带轮的电动机安装在可调的摆架上。

b.自动张紧装置:将装有带轮的电动机安装在如图7-17所示的浮动摆架上,利用电动机的自重,使带轮随同电动机绕固定轴摆动,以其自重来保持张紧力。

c.张紧轮张紧装置:当中心距不能调节时,可采用如图7-18和图7-19所示的两种张紧轮张紧装置调节传动带的预紧力。图7-18中,张紧轮放在传动带的内侧,使传动带只受单向弯曲，采用这种结构时，张紧轮还应尽量靠近大轮，以免过分影响传动带在小轮上的包角。图 7-19 中，将张紧轮放在传动带的外侧，利用杠杆和重力的作用实现自动张紧。

张紧轮的轮槽尺寸与带轮的相同，且直径小于小带轮的直径。

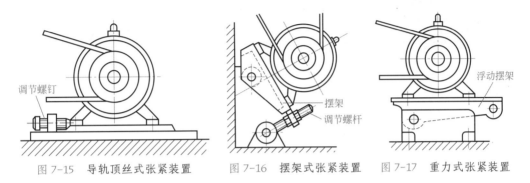

图 7-15　导轨顶丝式张紧装置　　图 7-16　摆架式张紧装置　　图 7-17　重力式张紧装置

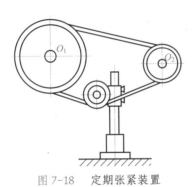

图 7-18　定期张紧装置

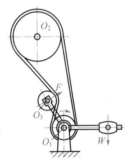

图 7-19　自动张紧装置

（3）多楔带传动

如图 7-20 所示，多楔带是在线绳芯结构平带的基体下接有若干纵向三角形楔的环形带，工作面为楔的侧面。它兼有平带挠曲性好和 V 带摩擦力较大的优点。与普通 V 带传动相比，在传动尺寸相同时，多楔带传动的功率可增大 30%，且克服了 V 带传动时各带受力不均的缺点，传动平稳，效率高，故适用于传递功率较大且要求结构紧凑的场合，特别是要求 V 带数量较多或轮轴垂直于地面的传动。如图 7-21 所示为汽车发动机中的多楔带传动。

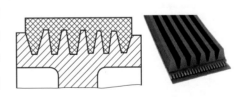

图 7-20　多楔带

（4）圆带传动

圆带传动因摩擦力较小，仅用于载荷很小的传动，如用于缝纫机、牙科医疗器械和简单的仪表传动上。如图 7-22 所示为圆带传动的产品应用。

图 7-21　汽车发动机中的多楔带传动　　　　图 7-22　圆带传动的产品应用

7.1.4　啮合型带传动

（1）啮合型带传动的类型

啮合型带传动是依靠带上的齿或孔与带轮上的轮齿直接啮合来传递运动的。啮合型带传动分为同步带传动和齿孔带传动两种类型。

① 同步带传动：如图 7-23 所示，同步带传动主要由主动同步轮、从动同步轮和同步带组成。工作时，带上的齿与轮上的齿相互啮合，以传递运动和动力。

② 齿孔带传动：如图 7-24 所示，齿孔带传动主要由主动带轮、从动带轮和齿孔带组成。工作时，带上的孔与轮上的齿相互啮合，以传递运动和动力。这种传动也可以保证同步运动，如放映机、打印机采用的就是齿孔带传动。

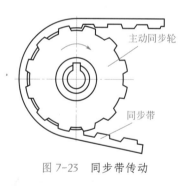
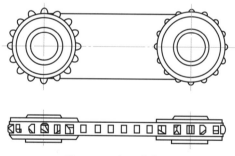

图 7-23　同步带传动　　　　　　　　　图 7-24　齿孔带传动

（2）啮合型带传动的优点和缺点

与 V 带传动相比，啮合型带传动具有以下优点。

① 工作时同步带与带轮间不会产生滑动，能保证两轮同步转动，具有恒定的传动比。

② 同步带薄而轻、强度高，允许的线速度高。

③ 同步带的初拉力较小，几乎不需要张紧力，故压轴力小，轴和轴承所受载荷较小。

④ 同步带的柔性好，所用带轮的直径可以较小，结构紧凑，传动效率较高。

⑤ 维护保养方便，能在高温、灰尘、积水及腐蚀介质中工作。

同步带传动的主要缺点是安装精度要求高、中心距要求严格且价格高。

（3）啮合型带传动的应用

如图 7-25 所示是缝纫机后拖装置，包括电动机、传动机构和摆杆机构。传动机构由大同步轮 1、大主臂 2、辅助轮 3 和小同步轮 5 组成。摆杆机构由气缸 8 和摆杆 7 组成，摆杆 7 的一端与气缸 8 铰接，另一端通过轴承与小同步轮 5 和滚轮 4 同轴连接；摆杆 7 与大主臂 2 的下端通过转动轴连接，且在该转动轴上固定皮带辅助轮 3。该后拖装置结构简单，拖动效果良好，使得缝纫效果平整。

如图 7-26 所示为汽车发动机，其中也采用了同步齿形带传动。

如图 7-27 所示，同步齿形带也可以添加挡板等零件。该类同步带广泛应用于生产流水线，用以传送工件，可以实现工件的水平传送、倾斜传送和纵向传送等。如图 7-28 所示是同步带传送方式。

如图 7-29 所示为利用挡板同步带设计的电池生产线上的电池传送机构。该机构主要由整理机构 1、同步轮 2 和同步带 3 组成。通过整理机构，电池依次排列好，并依次落入同步带外侧的挡板卡槽内，由同步带带入下一工位。

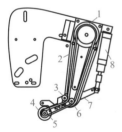

图 7-25　缝纫机后拖装置　　　　图 7-26　汽车发动机　　　　图 7-27　挡板同步带

1—大同步轮；2—大主臂；3，6—辅助轮；

4—滚轮；5—小同步轮；7—摆杆；8—气缸

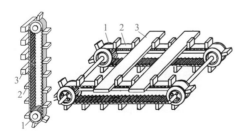

图 7-28　同步带传送方式　　　　　　图 7-29　电池传送机构

1—同步轮；2—同步带；3—工件　　　　1—整理机构；2—同步轮；3—同步带；4—电池

/7.2/ 链传动机构

7.2.1 链传动的组成

链传动是将链条作为传动构件，将主动链轮的运动和转矩传递给从动链轮。从动链轮作为工作执行构件。链传动的挠性好，承载能力大，相对伸长率低，结构十分紧凑，而且可在温度较高、有油污的恶劣环境条件下工作，抗腐蚀性强，因此在矿山机械、农业机械、机床、石油机械、自动生产线等中广泛应用。

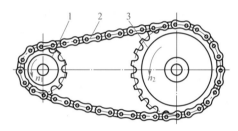

图 7-30　链传动
1—主动链轮；2—环形链条；3—从动链轮

如图 7-30 所示，它由装在平行轴上的主动链轮 1、从动链轮 3 和绕在链轮上的环形链条 2 组成。其工作原理是以链作为中间挠性件，靠链与链轮轮齿的啮合来传递运动和动力。

7.2.2 链传动的特点

（1）链传动的优点

与带传动相比，链传动的优点如下。

① 由于链传动有中间挠性件的啮合传动，链传动没有弹性滑动和打滑现象，因而能保证平均传动比不变。

② 链传动的传动效率较高。

③ 链传动无需初拉力，需要的张紧力小，作用在轴上的压力较小，轴承磨损少。

④ 链传动能在温度高、灰尘多、湿度大及有腐蚀等恶劣条件下工作。

⑤ 链传动结构紧凑。

与齿轮传动相比，链传动的优点如下。

① 链传动的制造安装精度要求低，成本低。

② 链传动适用的中心距范围大（可达十多米），结构简单，重量轻。

（2）链传动的缺点

① 链传动只适用于平行轴间的传动，且为同向转动。

② 链传动瞬时速度和瞬时传动比是不断变化的，因此，运转时不平稳，有冲击、噪声。

③ 链传动磨损后易发生跳齿。

④ 链传动不宜在载荷变化很大和急速反向传动中工作。

⑤ 链传动制造费用和安装精度比带传动高。

7.2.3 链传动的类型

根据用途的不同，链传动分为传动链、起重链和牵引链三种类型。

（1）传动链

传动链用于一般机械上动力和运动的传递，通常都在中等速度（20m/s）以下工作。传动链按结构分为滚子链和齿形链两种。

如图 7-31 所示为滚子链，其结构简单，磨损较轻，故应用较广。

如图 7-32 所示为齿形链，又称无声链，它由一组链齿板铰接而成。链齿板与链轮轮齿相啮合而传递运动。与滚子链相比，齿形链传动平稳，无噪声，承受冲击性能好，工作可靠，但齿形链结构较复杂，重量大，价格较贵，制造较困难，故多用于高速（链速可达 40m/s）和传动精度要求高的传动装置中。

（2）起重链

如图 7-33 所示为起重链，主要用于起重机械中提升物品，其工作速度不大于0.25m/s。

（3）牵引链

如图 7-34 所示为牵引链，又称输送链，主要用于链式输送机中移动物品，其工作速度为 2~4m/s。

图 7-31 滚子链　　　图 7-32 齿形链　　　图 7-33 起重链　　　图 7-34 牵引链

7.2.4 滚子链传动

（1）滚子链的结构和标准

如图 7-35 所示，滚子链由内链板 1、外链板 2、销轴 3、套筒 4 和滚子 5 组成。内链板1与套筒4、外链板2与销轴3为过盈配合。销轴3与套筒4、套筒4与滚子5为间隙配合。因此，内外链板在链节屈伸时可相对转动。当链与链轮啮合时，链轮齿面与滚子之间形成滚动摩擦，可减轻链条与链轮轮齿的磨损。

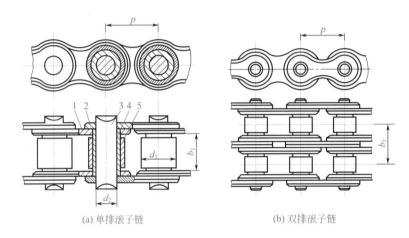

(a) 单排滚子链 (b) 双排滚子链

图 7-35 滚子链结构

1—内链板；2—外链板；3—销轴；4—套筒；5—滚子

　　如图7-36所示为滚子链的接头形式。当链条的链节数为偶数时，采用可拆卸的外链板连接，接头处用开口销或弹簧锁片固定，如图7-36（a）和（b）所示。当链条的链节数为奇数时，须采用如图7-36（c）所示的过渡链节连接。由于过渡链节是弯的，受力后会受附加弯矩，因此，链节数尽量不用奇数。

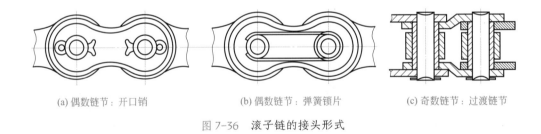

(a) 偶数链节：开口销　　　　　(b) 偶数链节：弹簧锁片　　　　　(c) 奇数链节：过渡链节

图 7-36 滚子链的接头形式

（2）链轮

　　如图7-37所示为滚子链链轮，由轮毂1、轮辐2和轮缘3三个部分组成。如图7-38所示，常用的滚子链链轮齿形为"三圆弧一直线"，即为 dc、ba、aa 三圆弧和 cb 一直线齿形。为磨损均匀，链轮齿数一般选择奇数。

　　链轮的结构有整体式、孔板式和组合式三种。直径较小的链轮制成整体式，如图7-39（a）所示；直径中等的链轮制成孔板式，如图7-39（b）所示；直径较大的链轮制成组合式结构，通过焊接或螺栓连接成一体，如图7-39（c）和（d）所示。

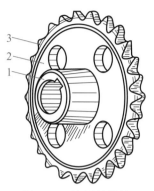

图 7-37　滚子链链轮

1—轮毂；2—轮辐；3—轮缘

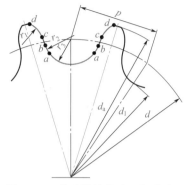

图 7-38　滚子链链轮端面标准齿形

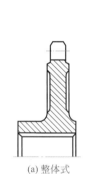 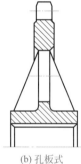 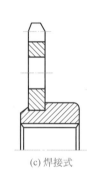 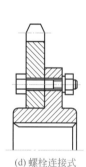

(a) 整体式　　　(b) 孔板式　　　(c) 焊接式　　　(d) 螺栓连接式

图 7-39　滚子链链轮端面标准齿形

7.2.5　链传动的布置及张紧

（1）链传动的布置

链传动的布置应考虑以下原则。

① 两个链轮的轴线应平行布置：两个链轮的回转平面应在同一铅垂面内，不能布置在水平面或倾斜面上，否则将引起脱链和不正常磨损。

② 通常情况下，应使链条的紧边（即主动边）在上，松边在下；如果松边在上，可能会因松边垂度过大而出现链条与轮齿的干扰，甚至会引起松边与紧边的碰撞。严重时，导致链条与链轮卡死。

③ 两链轮中心连线最好布置在水平面上，如需倾斜布置时，两链轮中心连线与水平线的夹角应小于 45°。

④ 采用垂直布置时，应使上下两轮偏置，以免由于下垂量增大而降低传动能力。链传动的布置见表 7-3。

表 7-3　链传动的布置（传动比 i，中心距 a，链节距 p）

传动条件	正确布置	不正确布置	说明
$i=2\sim3$ $a=(30\sim50)p$		—	两链轮中心连线最好呈水平，或与水平面成 $60°$ 以下的倾角。紧边在上面较好
$i>2$ $a<30p$			两轮轴线不在同一水平面上，此时松边应布置在下面，否则松边下垂量增大后，链条易被小链轮卡死
$i<2$ $a>60p$			两轮轴线在同一水平面上，松边应布置在下面，否则松边下垂量增大后，松边会与紧边相碰，此外需经常调整中心距
i、a 任意值			两轮轴线在同一铅垂面内，此时下垂量集中在下端，所以要尽量避免这种垂直或接近垂直的布置，否则会减少下面链轮的有效啮合齿数，降低传动能力

（2）链传动的张紧

与带传动不同，链传动属于啮合传动，故通常情况下不需要张紧。但是，当因链条垂度过大而产生啮合不良及振动和链传动处于铅垂布置时，则必须有张紧装置。张紧的目的是使松边不致过松，增大包角和补偿链磨损后的伸长，使链和链轮啮合良好，防止跳齿或脱链等现象，减小冲击和振动。

当链传动的中心距可调整时，可通过调节中心距来控制张紧程度。当中心距不能调整时，可以在链条磨损变长后从中取掉一两个链节或设置张紧轮的方式以恢复原来的长度。张紧轮可以是链轮，也可以是无齿的滚轮。张紧轮一般紧压在松边靠近小链轮处。

如图 7-40 所示，张紧装置的三种常见设置方式分别是滚轮弹簧自动张紧、滚轮重力自动张紧和定期调节螺旋张紧。

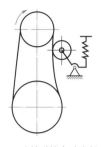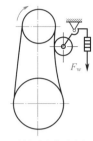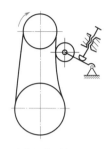

(a) 滚轮弹簧自动张紧　　(b) 滚轮重力自动张紧　　(c) 定期调节螺旋张紧

图 7-40　链传动的张紧装置

7.2.6　链传动的应用

（1）传动链在产品设计中的应用

传动链广泛应用于自行车、摩托车、一般机械等上，以传递运动与力。如图 7-41 所示是滚子链在自行车中的应用；如图 7-42 所示是滚子链在机床中的应用；如图 7-43 所示是齿形链在汽车发动机中的应用。

图 7-41　滚子链在自行车中的应用

图 7-42　滚子链在机床中的应用

（2）起重链在产品设计中的应用

起重链广泛应用于叉车、起重机、升降平台等产品。如图 7-44 所示为环链电动葫芦中的起重链应用；如图 7-45 所示为电动叉车中的起重链应用；如图 7-46 所示为立体车库中的起重链应用；如图 7-47 所示为垂直电梯中的起重链应用。

图 7-43　齿形链在发动机中的应用

图 7-44　环链电动葫芦中的
起重链应用

图 7-45　电动叉车中的起
重链应用

图7-46　立体车库中的起重链应用　　图7-47　垂直电梯中的起重链应用

（3）牵引链在产品设计中的应用

链输送、牵引机构是将链条作为工作执行件，链轮作为传动件，将主动链轮的旋转运动转换为链条的直线运动，再通过链条实现输送、牵引等功能。链输送机构在机械设备上应用广泛，如煤炭、矿石输送机，自动生产线的传送机（带）、物流，仓储系统的货物传送带，印刷机上的自动输纸装置等。

龙骨水车是我国古代应用链传动的典型案例，也是农业灌溉机械的一项重大改革。龙骨水车是一种刮板式连续提水机械，又名翻车，可脚踏、手摇、牛转、水转或风转驱动。如图7-48所示，龙骨水车主要由驱动链轮1、龙骨2、叶板3、从动链轮4、水槽5、支架6和手柄（或踏板）7等组成。龙骨水车的细节结构如图7-49所示。

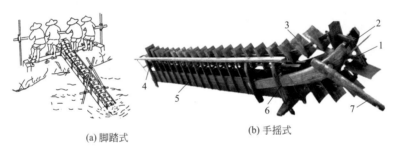

(a) 脚踏式　　　　　　　　(b) 手摇式

图7-48　龙骨水车

1—驱动链轮；2—龙骨；3—叶板；4—从动链轮；5—水槽；6—支架；7—手柄

龙骨水车的工作原理为：龙骨2和叶板3共同组成链条，卧于矩形长水槽中，车身斜置河边或池塘边。从动链轮和车身一部分没入水中。旋转驱动链轮，龙骨被驱动链轮带动沿水槽做直线上升运动，带动叶板沿水槽上升，叶板上升的同时将水刮至长水槽上端而送出。如此连续循环，把水输送到地势较高之处，可连续取水，功效大大提高。

图7-49　龙骨水车的细节结构

链式输送机是利用链条牵引、承载，或由链条上安装的板条、金属网带和辊道等承载物料的输送机，可分为链条式、链板式、链网式和板条式等，常与其他输送机、升降装置等组成各种功能的生产线。

　　链板输送机，又叫链板传送机、链板线，是一种利用循环往复的链条作为牵引动力，以金属板作为输送承载体的一种输送机械设备。如图 7-50 所示，链板输送机利用固接在牵引链上的一系列链板在水平或倾斜方向输送物料，以单片钢板铰接成环带作为运输机的牵引和承载构件。链板输送机主要由头部驱动装置、尾轮装置、张紧装置、链板、机架等部分组成。链板由牵引链和槽板组成，其结构如图 7-51 所示。

图 7-50　链板输送机结构

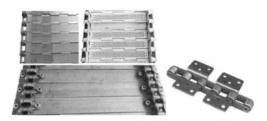

图 7-51　链板结构

　　① 头部驱动装置：头部驱动装置由电动机、减速器、传动装置、两个驱动链轮等组成。其工作原理为：电动机转动→减速器转动→传动机构（链传动或带传动）转动→驱动链轮→牵引链和槽板直线运动。

　　② 尾轮装置：尾轮装置是链板的改向机构，由尾轮轴、两个尾轮、轴承等组成。

　　③ 张紧装置：张紧装置用于调节牵引链条的松紧程度，使松边不致过松，增大包角和补偿链磨损后的伸长，使链和链轮啮合良好。

　　④ 链板：链板由牵引链和槽板组成。牵引链内链片中间装有滚轮，在轨道上滚动，以减少摩擦阻力和磨损。槽板用螺栓（或铆钉）与牵引链紧固在一起。

　　⑤ 机架：机架由头架、尾架、中间架等组成。

　　如图 7-52 所示为直线链板输送机；如图 7-53 所示为转弯链板输送机；如图 7-54 所示为螺旋链板输送机；如图 7-55 所示为面包蛋挞生产流水线中链式输送机的应用；如图 7-56 所示为饮料自动生产线中链式输送机的应用；如图 7-57 所示为分拣系统中链式输送机的应用。

图 7-52　直线链板输送机

图 7-53　转弯链板输送机

图 7-54　螺旋链板输送机

图 7-55　面包蛋挞生产流水线中链式输送机的应用

图 7-56　饮料自动生产线中链式输送机的应用

图 7-57　分拣系统中链式输送机的应用

/ 7.3 / 齿轮传动

7.3.1　齿轮传动的组成与工作原理

齿轮传动是机械传动中应用最广泛的一种传动形式。齿轮传动的应用在我国有着悠久的历史。三国时期所造的指南针和晋朝所发明的记里鼓车中都应用了齿轮机构。在现代生产、生活中，齿轮的应用更为广泛。机械钟表、大多数机床的传动系统、汽车的变速箱、精密电子仪器设备等都有齿轮传动的应用。

齿轮传动由主动轮、从动轮和机架组成。它借助共轭齿廓的一对齿轮轮齿的相互啮合来传递两齿轮轴间的运动和动力。两齿轮轴线相对位置不变，并绕其自身的轴线转动。

7.3.2　齿轮传动的特点

（1）优点

① 传动比稳定且准确。

② 传递的功率大、圆周速度范围广。

③ 传动的机械效率高，一般圆柱齿轮的传动效率可达 94%~98%。

④ 工作可靠，且使用寿命长。

⑤ 可以实现空间两平行轴、相交轴或交错轴间的运动传递。

（2）缺点

① 不适宜距离较远的两轴间的传动。

② 要求制造和安装精度较高，成本较高。

7.3.3 齿轮传动的类型

齿轮传动的类型很多，分类方法也不同。常见的分类方法如下。

① 按轴的布置情况，可分为平行轴齿轮传动、相交轴齿轮传动和交错轴齿轮传动。

② 按齿轮轮齿形状，可分为直齿轮传动、斜齿轮传动、曲齿轮传动、人字齿轮传动。

③ 按两齿轮啮合方式，可分为外啮合齿轮传动、内啮合齿轮传动和齿轮齿条传动。

④ 按齿轮外观形状，可分为圆柱齿轮传动和圆锥齿轮传动。

⑤ 按工作条件，可分为开式齿轮传动和闭式齿轮传动。

⑥ 按齿廓曲线，可分为渐开线齿轮传动、圆弧线齿轮传动和摆线齿轮传动等。渐开线齿轮传动应用最广。

⑦ 按两齿轮相对运动是平面运动还是空间运动，可分为平面齿轮传动及空间齿轮传动两类。平面齿轮传动是用于两平行轴之间的传动；空间齿轮传动是用于两相交轴或两交错轴之间的传动。

表 7-4 列出了常见齿轮传动的类型与应用。

表 7-4　常见齿轮传动的类型与应用

分类		名称	示意图	运动特点
平行轴齿轮传动	直齿圆柱齿轮传动	外啮合直齿圆柱齿轮传动		①两传动轴平行，转动方向相反 ②承载能力较低 ③传动平稳性较差 ④工作时无轴向力，可轴向运动 ⑤结构简单，加工制造方便 ⑥应用最为广泛，主要用于减速、增速及变速，或用来改变转动方向
		内啮合直齿圆柱齿轮传动		①两传动轴平行，转动方向相同 ②承载能力较低 ③传动平稳性较差 ④工作时无轴向力，可轴向运动 ⑤结构简单，加工制造方便
		齿轮齿条传动		齿数趋于无穷多的外齿轮演变成齿条，它与外齿轮啮合时，齿轮转动，齿条直线移动

续表

分类		名称	示意图	运动特点
平行轴齿轮传动	平行轴斜齿轮传动	斜齿圆柱齿轮传动		①两传动轴平行，转动方向相反 ②承载能力比外啮合直齿圆柱齿轮传动机构高 ③传动平稳性好 ④工作时有轴向力，不宜作为滑移变速机构 ⑤轴承装置结构复杂 ⑥加工制造较外啮合直齿圆柱齿轮困难 ⑦适用于高速、重载的传动，也可用来改变转动方向
	人字齿轮传动	外啮合人字齿圆柱齿轮传动		①两传动轴平行，转动方向相反 ②相当于两个全等但螺旋方向相反的斜齿轮拼接而成，其轴向力被相互抵消，承载能力高，常用于重载传动 ③加工制造较困难
相交轴齿轮传动		直齿圆锥齿轮传动		①两传动轴相交，一般轴交角为90°，用于传递两垂直相交轴之间的运动和动力 ②承载能力强 ③轮齿分布在截圆锥体上，设计、制造及安装较容易，应用最广
		曲齿圆锥齿轮传动		①轮齿是曲线形，有圆弧齿、螺旋齿等，传动平稳，适用于高速、重载传动 ②加工困难，制造成本高 ③现在汽车后桥都采用这种齿轮
		端面齿轮传动		①与直齿轮或斜齿轮配合 ②两轴线可以相交也可以交错
交错轴齿轮传动		交错轴斜齿轮传动		①两齿轮轴线交错，传动平稳，噪声小 ②加工难度大
		准双曲面齿轮传动		①用于传递空间交错轴之间的回转运动和动力，通常两轴交错角为90° ②传动中蜗杆为主动件，蜗轮为从动件 ③传动比大，结构紧凑，传动平稳，噪声小 ④具有自锁功能 ⑤传动效率低，磨损较严重 ⑥蜗杆的轴向力较大，使轴承摩擦损失较大
		蜗杆传动		

7.3.4 齿轮传动的应用

（1）修正带

如图 7-58 所示为修正带，主要由外壳、出带轮、带芯圈、带芯、带芯出口、收带轮等组成。出带轮和收带轮是两个相互外啮合的齿轮，并绕外壳上的立柱旋转。出带轮固接带芯圈，带芯绕在带芯圈上，带芯的另一端通过带芯出口后连接在收带轮上。

修正带的工作原理为：将带芯在带芯出口处安在需要修改的地方，拉动带芯，带芯的移动带动出带轮顺时针旋转，出带轮带动收带轮逆时针转动，进而完成收带功能。修正带利用两外啮合齿轮转向相反的特性，实现了出带和收带的同步进行。

（2）齿轮夹持机构

如图 7-59 所示为齿轮夹持机构，主要由扇形齿轮 1 和 4、齿轮 2 和 3、圆柱销 A 和 B 组成。扇形齿轮 1 和 4 的延伸部分形成卡爪。两个同轴在轴向上相隔一定距离做成一体的齿轮称为双联齿轮。图 7-59 中的齿轮 2 和齿轮 3 就是双联齿轮，是一个零件。

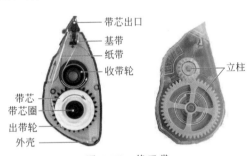

图 7-58　修正带

图 7-59　齿轮夹持机构

1，4—扇形齿轮；2，3—齿轮；A,B—圆柱销

齿轮夹持机构的工作原理为：齿轮 2 和 3 做成一体，可绕圆柱销 A 转动；扇形齿轮 1 和 4 可绕圆柱销 B 轴旋转；齿轮 2 和扇形齿轮 4 内啮合，齿轮 3 和扇形齿轮 1 外啮合，所以扇形齿轮 1 和 4 的旋转方向相反；当齿轮 2 和 3 沿顺时针方向旋转时，扇形齿轮 1 和 4 的卡爪部分向内靠近，将重物夹紧。

该机构利用外啮合的两齿轮转向相反，内啮合的两齿轮转向相同，再配合双联齿轮，实现了两卡爪的反向转动，进而完成对工件的夹紧与松开。该机构也可以用于需要两构件反向旋转的产品，如剪刀。

（3）手摇发电收音机

如图 7-60 所示为多功能手摇发电收音机，可以通过手摇的方式进行发电。为使发电机转子获得较高的速度，机芯采用了齿轮加速。其传动机构如图 7-61 所示，由齿轮 1 和

4、齿轮 2 和 3、发电机 5 和手摇杆 6 等组成。

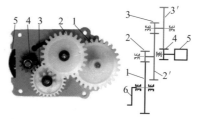

图 7-60　多功能手摇发电收音机

图 7-61　手摇发电收音机的传动机构

1～4—齿轮；5—发电机；6—手摇杆

手摇发电收音机的工作原理为：转动手摇杆 6→齿轮 1 转动→齿轮 2 转动（一级加速）→齿轮 2′转动→齿轮 3 转动（二级加速）→齿轮 3′转动→齿轮 4 转动（三级加速）→发电机主轴转动。

（4）手压发电手电筒

如图 7-62 所示为手压发电手电筒，主要由传动机构、发电机、蓄电池、集成电路板和 LED 灯等组成。按压手柄，经传动机构加速，带动发电机转子旋转而发电，蓄电池可储存电能供 LED 灯照明。

如图 7-63 所示，其传动机构主要由手柄 1、扇形齿轮 2、机壳 3、双联齿轮 4、电动机驱动齿轮 5、棘爪 6、棘轮 7 和弹簧 8 组成。手柄 1 和扇形齿轮 2 固接在

图 7-62　手压发电手电筒

一起，并绕 A 轴转动；双联齿轮 4 绕 B 轴转动；电动机驱动齿轮 5 带动棘爪 6 和棘轮 7 绕 C 轴转动；弹簧 8 提供弹力供手柄和扇形齿轮复位。

手压发电手电筒的工作原理为：按压手柄 1→扇形齿轮 2 往复摆动→双联齿轮 4 正、反转动（一级加速）→电动机驱动齿轮 5 正、反转动（二级加速）→棘爪与棘轮的离、合作用→棘轮单向转动→电动机转子单向转动。

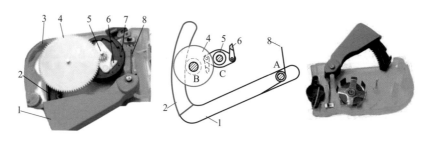

图 7-63　手压发电手电筒传动机构

1—手柄；2—扇形齿轮；3—机壳；4—双联齿轮；5—电动机驱动齿轮；6—棘爪；7—棘轮；8—弹簧

该传动机构中电动机驱动齿轮 5 的正、反向转动转换为电动机转子的单向转动的运动转换方式是通过棘轮来实现的。本书将在 9.1 节中详细介绍棘轮机构。如图 7-64 所示，棘轮机构主要由单方向棘爪 1、电动机驱动齿轮侧翼 2 和带有单方向棘齿的棘轮 3 组成。棘爪铰接在由电动机驱动的齿轮两翼上，相对于两翼可自由转动。当电动机驱动齿轮逆时针转动时，单向棘爪卡在带有单方向棘轮的棘齿凹槽内，带动棘轮一起转动，棘轮带动电动机转子转动。当电动机驱动齿轮顺时针转动时，棘爪顺着棘轮的棘齿斜面滑过，只是齿轮空转，并不带动棘轮转动。所以，图 7-63 中的扇形齿轮 2 往返摆动，依次带动双联齿轮 4 和电动机驱动齿轮 5 正、反转动，而棘轮 7 和电动机转子只进行单方向的逆时针转动。

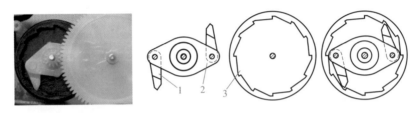

图 7-64　棘轮机构

1—单方向棘爪；2—电动机驱动齿轮侧翼；3—带有单方向棘齿的棘轮

（5）手压式小风扇

如图 7-65 所示为手压式小风扇。与手压发电手电筒的传动机构一样，由手柄的往复摆动转换成风扇扇叶的单向转动。不同的是在该机构中保证扇叶单向转动的机构不是棘轮机构，而采用了浮动齿轮机构。

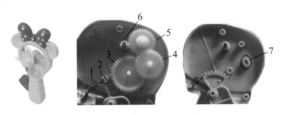

图 7-65　手压式小风扇

1—弹簧；2—扇形齿轮；3~5—双联齿轮；6—扇叶驱动齿轮；7—长圆槽

手压式小风扇的传动机构主要由弹簧 1、扇形齿轮 2、双联齿轮 3~5、扇叶驱动齿轮 6 等组成。双联齿轮 4 的轴不是固定的，而是安装在长圆槽 7 内，可以沿着槽上下浮动。

手压式小风扇的工作原理为：当按下手柄时，扇形齿轮 2 顺时针转动→双联齿轮 3 逆时针转动→双联齿轮 4 顺时针转动的同时被顶至长圆槽 7 的上端，与双联齿轮 5 啮合→双联齿轮 5 逆时针转动→扇叶驱动齿轮 6 顺时针转动→扇叶顺时针转动。

当松开手柄时，在弹簧拉力的作用下，扇形齿轮2逆时针转动→双联齿轮3顺时针转动→双联齿轮4逆时针转动的同时被顶至长圆槽7的下端，与双联齿轮5分离。此时，双联齿轮4自转，对双联齿轮5的转动不产生影响。

（6）脚踏式旋转拖把桶

如图7-66所示为脚踏式旋转拖把桶，主要由传动机构1、脱水篮2、甩干桶3、提手、挡水板等组成。踩踏踏板，通过传动机构带动脱水篮低速转动和甩干盘高速转动。如图7-67所示，脚踏式旋转拖把桶的传动机构主要由踏板1、齿条2、弹簧5、端面齿轮6、脱水篮驱动齿轮、双联齿轮8、甩干盘驱动齿轮9等组成。踏板1绕机架上销轴往复摆动。齿条2左端具有斜面槽3，左端上顶面有齿牙4，右端后侧面有齿牙7。也可以将齿条2做成两个齿条再装配达到与现在同样的效果，两个齿条里分别包含齿牙4和7。弹簧5提供弹力以供踏板1复位。

图7-66　脚踏式旋转拖把桶
1—传动机构；2—脱水篮；3—甩干桶

图7-67　脚踏式旋转拖把桶的传动机构
1—踏板；2—齿条；3—斜面槽；4，7—齿牙；5—弹簧；
6—端面齿轮；8—双联齿轮；9—甩干盘驱动齿轮

脚踏式旋转拖把桶的工作原理为：踩下踏板1→圆柱凸起在齿条2的斜面槽内运动→推动齿条2移动。

齿条2的往复移动带动脱水篮和甩干盘做旋转运动。

① 齿条2移动→端面齿轮6转动→脱水篮驱动齿轮转动→脱水篮转动。

② 齿条2移动→双联齿轮8转动→甩干盘驱动齿轮9转动（一级加速）。

（7）手摇小风扇

如图7-68所示为手摇小风扇。设计时为用户使用方便，将手柄旋转轴与扇叶旋转轴设计成了垂直状态。要实现垂直轴线的运动传递，需要采用相交轴齿轮机构，如端面齿轮机构、圆锥齿轮机构。如图7-69所示，它主要由手摇杆1、主动齿轮2、双联齿轮3~5、扇叶驱动齿轮6、扇叶7、机壳8和销轴等组成。双联齿轮3和4是两个直齿圆柱齿轮之间的双联。双联齿轮5是端面齿轮与直齿圆柱齿轮的双联。

图 7-68　手摇小风扇

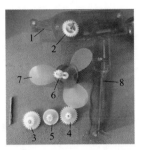

图 7-69　手摇小风扇的组成

1—手摇杆；2—主动齿轮；3～5—双联齿轮；6—扇叶驱动齿轮；

7—扇叶；8—机壳

如图 7-70 所示为手摇小风扇的机构运动简图。其工作原理为：转动手摇杆 1 →主动齿轮 2 转动→双联齿轮 3（3′）转动（一级加速）→双联齿轮 4（4′）转动（二级加速）→双联齿轮 5（5′）转动（三级加速）→扇叶驱动齿轮 6 转动（四级加速）→扇叶转动。

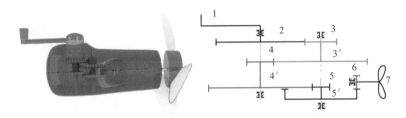

图 7-70　手摇小风扇的机构运动简图

除了利用端面齿轮进行相交轴齿轮传动外，也可以利用圆锥齿轮机构。如图 7-71 所示即为利用圆锥齿轮进行手摇小风扇的运动机构设计。

（8）开锁机构

如图 7-72 所示为利用齿条机构设计的开锁机构，主要由钥匙 1、齿条（锁舌）2 和 5、弹簧 3、齿轮 4 等组成。将钥匙的旋转运动转换成锁舌的直线运动，从而实现锁紧与开启的功能。

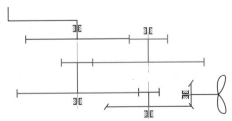

图 7-71　利用圆锥齿轮进行手摇小风扇的
运动机构设计

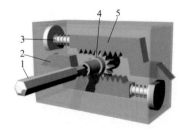

图 7-72　利用齿条机构设计的开锁机构

1—钥匙；2，5—齿条（锁舌）；3—弹簧；4—齿轮

开锁机构的工作原理为：将钥匙 1 插入锁眼中，插入齿条（锁舌）2 的内孔中，转动

钥匙使上下齿条（锁舌）2和5缩回即完成开锁；拔出钥匙，齿条（锁舌）2和5在弹簧弹力作用下复位而再次锁紧。

（9）开盖器

如图7-73所示为利用齿轮齿条设计的开盖器，它主要由手柄、齿轮和上下两条齿条组成。两齿条的延伸部分构成了开盖用的两个卡爪。大手柄设计利用了杠杆原理，使得开盖更加省力。

开盖器的工作原理为：当顺时针旋转手柄时，齿轮带动上面的齿条向右移，下面的齿条向左移，也就是两个齿条带动卡爪向圆心外移动，两卡爪开口扩大。当逆时针旋转手柄时，两卡爪向圆心移动，两卡爪开口缩小，"抱紧"瓶盖将其开启。

（10）升降三脚架

如图7-74所示为利用齿轮齿条设计的升降三脚架。

图 7-73　利用齿轮齿条设计的开盖器

图 7-74　利用齿轮齿条设计的升降三脚架

（11）机械手

如图7-75所示为利用齿轮的自转和公转运动构成的机械手。在L形转臂8上有一个能自转的锥齿轮7，在机体11上有一个固定的锥齿轮6，锥齿轮6和7相互啮合。将一个小齿轮5固定在L形转臂上，使其能绕固定锥齿轮6的轴线旋转，利用气缸通过齿条使小齿轮5转动，则齿轮6将以锥齿轮6为中心，既做自转运动也做公转运动。

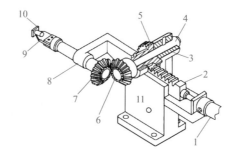

图 7-75　利用齿轮的自转和公转运动构成的机械手

1—气缸；2—齿条；3—固定轴支撑；4—固定轴；5—小齿轮；6，7—锥齿轮；8—L形转臂；

9—手爪；10—被送的零件；11—机体

【思考与练习】

1. 产品收集：根据带传动、链传动、齿轮传动进行产品收集，每种机构收集 3 种产品，并对其进行简要说明。

2. 实际产品拆装与建模：选择手压发电手电筒、手压式小风扇、手摇小风扇、脚踏式旋转拖把桶等进行拆装、绘制、计算机建模。

3. 产品创新设计：根据连续传动机构的特点，进行产品（机构）创新设计，对设计进行详细说明，绘制机构运动简图并进行计算机建模。

第 8 章
/ 往复运动机构

/ 知识体系图

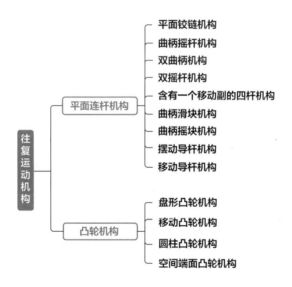

/ 学习目标

知识目标

1. 掌握各往复运动机构的组成和特点。

2. 了解各往复运动机构的产品设计应用。

技能目标

1. 分析往复运动机构在实际产品中的功能。

2. 利用往复运动机构进行产品创新思考与设计。

在产品设计中，对运动功能的要求是复杂多样的。很多产品要求执行机构实现一些往复循环运动，如电风扇的自动摆头运动、汽车雨刮器的往复循环摆动、雷达天线的往复俯仰摆动、内燃机气缸活塞的往复直线运动等，这就需要在产品结构上采用合适的机构配合实现。

从运动形式上分，往复运动有往复直线运动、往复曲线运动、往复摆动和往复复杂运动等几种，其中往复直线运动和往复摆动最常见，应用最广泛。实现往复运动的常用机构有平面连杆机构和凸轮机构等。

/ 8.1 / 平面连杆机构

平面连杆机构被应用于各种机械、仪器仪表及日常生活器械中。剪床、冲床、颚式破碎机、内燃机、缝纫机、人体假肢、挖掘机、公共汽车关开门机构、车辆转向机构以及机械手、机器人等都巧妙地利用了各种连杆机构。

平面连杆机构最基本的形式是平面四杆机构，它是由四个构件通过四个低副构成的闭式链机构。四个低副可以是转动副也可以是移动副，组合后有几种不同的形式。

通过变换运动形式，平面连杆机构的应用主要体现在以下三个方面：

① 连续转动和往复摆动间的相互转变；

② 连续转动和往复移动间的相互转变；

③ 实现较复杂的平面运动。

8.1.1 平面铰链机构

平面连杆机构的构件形状多种多样，但大多为杆状。平面四杆机构的基本形式是平面铰链四杆机构，该机构的四个运动副都是转动副。

如图 8-1 所示，平面铰链四杆机构中固定不动的构件 4 称为机架；与机架直接相连的构件 1 和 3 称为连架杆；与两个连架杆相连的构件 2 称为连杆。连架杆 1 和 3 绕各自的回转中心 A 和 D 回转，连杆 2 做平面运动。能做整周转动的连架杆称为曲柄，只能在一定范围内做往复摆动的连架杆称为摇杆。能做整周转动的转动副称为周转副，只能在一定角度内转动的转动副称为摆转副。

设平面铰链四杆机构中四个构件长度分别为 L_1、L_2、L_3 和 L_4，其中，最短杆长为 L_{min}，最长杆长为 L_{max}，其余两杆长分别为 L' 和 L''，为使其能成为闭式运动链，机构尺寸之间的关系应满足 $L_{max} < L_{min} + L' + L''$。

当机构尺寸之间的关系满足 $L_{max} + L_{min} < L' + L''$ 时，最短构件 L_{min} 上的两个转动副均

为周转副，机构中其余两个转动副均为摆转副。这时的机构也称为具有曲柄存在的平面铰链四杆机构。

当机构尺寸之间的关系满足 $L_{max}+L_{min}=L'+L''$ 时，最短构件上的两个转动副也为周转副，机构中其余两个转动副为摆转副。这时的机构称为平面铰链四杆等式机构，也称双变机构。

当机构尺寸之间的关系满足 $L_{max}+L_{min}>L'+L''$ 时，机构中的四个转动副均为摆转副。这时的机构称为纯摆动的平面铰链四杆机构。

如图 8-2 所示，四个杆件的长度关系如下。

$$L_1<L_3<L_2<L_4$$

且满足

$$L_1+L_4<L_2+L_3$$

与最短杆 1 直接相连的 A 和 B 转动副为周转副，C 和 D 转动副为摆转副。

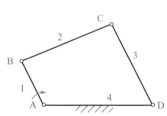

图 8-1　平面铰链四杆机构

1，3—连架杆；2—连杆；4—机架

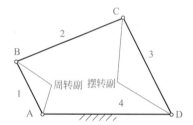

图 8-2　存在曲柄的运动副情况

选择不同杆件做机架，会产生两个连架杆的不同运动方式。平面铰链四杆机构有曲柄摇杆机构、双曲柄机构和双摇杆机构三种基本形式。

① 如图 8-3 所示，2 为机架，连架杆是 1 和 3，B 是周转副，所以连架杆 1 可以绕 B 做整周转动，连架杆 1 为曲柄；C 是摆转副，连架杆 3 只能绕 C 做一定角度范围内的摆动，连架杆 3 为摇杆。此时的机构称为曲柄摇杆机构。

② 如图 8-4 所示，1 为机架，连架杆是 2 和 4，A 和 B 都是周转副，所以连架杆 2 和 4 可以分别绕 B 和 A 做整周转动，连架杆 2 和 4 均为曲柄。此时的机构称为双曲柄机构。

③ 如图 8-5 所示，3 为机架，连架杆是 2 和 4，C 和 D 都是摆转副，所以连架杆 2 和 4 只能分别绕 C 和 D 做一定角度范围内的摆动，连架杆 2 和 4 均为摇杆。此时的机构称为双摇杆机构。

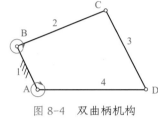
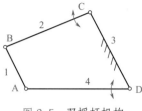

图 8-3 曲柄摇杆机构　　　图 8-4 双曲柄机构　　　图 8-5 双摇杆机构

1—曲柄；2—机架；3—摇杆；4—连杆　　1—机架；2,4—曲柄；3—连杆　　1—连杆；2,4—摇杆；3—机架

8.1.2　曲柄摇杆机构

（1）曲柄摇杆机构的运动分析

曲柄摇杆机构可以实现连续转动与往复摆动之间的相互转换。当曲柄做主动件时，它可以利用曲柄的整周回转运动实现摇杆的往复摆动；当摇杆做主动件时，它可以利用摇杆的往复摆动来实现曲柄的整周回转运动。

（2）曲柄摇杆机构的产品应用案例

曲柄摇杆机构在产品设计中的应用非常广泛，如雷达设备、搅拌机、缝纫机、颚式破碎机等。

① 利用曲柄摇杆机构实现由连续转动到往复摆动的转换。

在产品设计中，利用曲柄摇杆机构中的曲柄为原动件，曲柄在动力装置（电动机、减速器）的带动下做匀速转动；摇杆为执行件，在一定角度范围内做变速往复摆动，满足产品所需的往复摆动功能。

如图 8-6 所示是利用曲柄摇杆机构设计的雷达天线仰俯机构。该机构中，曲柄为原动件，摇杆为天线仰俯运动执行件。摇杆延长部分在一定角度内摆动，实现调整天线仰角的功能。

雷达天线仰俯机构的工作原理为：原动件曲柄 1 做整周的匀速转动；连杆 2 带动摇杆 3 在一定角度范围内摆动；固定在摇杆 3 上的雷达天线也能做一定角度的摆动，从而达到调整雷达天线仰俯角大小的目的。

如图 8-7 所示为雷达天线摆动行程示意，当曲柄 1 转至图中 B 位置时，曲柄 1 和连杆 2 连成一条直线，摇杆 3 摆到最右侧；当曲柄 1 转至 B′ 位置时，曲柄 1 和连杆 2 重叠成一条直线，摇杆 3 摆到最左侧。摇杆 3 在图示的 DC′ 与 DC 之间绕着 D 往复摆动，带动雷达天线做往复的仰俯运动。

如图 8-8 所示是利用曲柄摇杆机构设计的汽车雨刮器，其中曲柄为原动件，摇杆为刮雨执行件。摇杆延长部分在一定角度内摆动，实现刮雨功能。

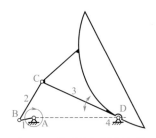

图 8-6 利用曲柄摇杆机构
设计的雷达天线仰俯机构

1—曲柄；2—连杆；
3—摇杆；4—机架

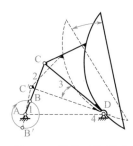

图 8-7 雷达天线摆动
行程示意

1—曲柄；2—连杆；
3—摇杆；4—机架

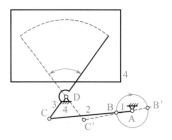

图 8-8 利用曲柄摇杆机构
设计的汽车雨刮器

1—曲柄；2—连杆；
3—摇杆；4—机架

汽车雨刮器由曲柄 1、连杆 2、摇杆 3 和机架 4 组成。雨刮器将摇杆 3 进行延长并在其上安装了雨刷，其延长部分的雨刷形成了实际刮雨的执行构件。

汽车雨刮器的工作原理为：电动机带动减速器转动，减速器输出轴带动曲柄 1 整周匀速转动；连杆 2 带动摇杆 3 左右摆动；摇杆 3 绕 D 点摆动，驱动安装在摇杆延长部分的雨刷完成清扫挡风玻璃上雨水的动作。

当曲柄 1 旋转至如图 8-8 所示的 B 位置时，曲柄 1 和连杆 2 连成一条直线，摇杆 3 摆到最左侧，雨刷摆到最右侧；当曲柄 1 转至 B′ 位置时，曲柄 1 和连杆 2 重叠成一条直线，摇杆 3 摆到最右侧，雨刷摆到最左侧。

如图 8-9 所示是利用曲柄连杆机构设计的玩具机器人手臂摆动机构，其中曲柄为原动件，摇杆为手臂摆动执行件。摇杆做一定角度内的摆动，实现手臂摇摆功能。

玩具机器人手臂的工作原理为：发条驱动牙箱内的齿轮转动，输出轴带动曲柄 1 做整周转动；连杆 2 带动摇杆 3 左右摆动；随摇杆 3 的摆动，手臂 5 实现摆臂运动。

② 利用曲柄摇杆机构实现由连续转动到设定轨迹运动的转换。

将曲柄连杆机构中的曲柄作为原动件，连杆延长部分作为执行件，利用连杆的平面运动性质实现产品的设定轨迹运动。

如图 8-10 所示是利用曲柄摇杆机构设计的搅拌机，其中曲柄为原动件，连杆延长部分为搅拌执行件。曲柄摇杆机构中的连杆做平面运动，连杆上各点的轨迹能形成不同的封闭曲线，连杆延长部分按设定轨迹运动，完成搅拌功能。

搅拌机的工作原理为：电动机带动减速器转动，减速器输出轴带动曲柄 1 做整周转动；摇杆 3 往复摆动；连杆 2 的延长部分的 E 点沿图中虚线所示的卵形曲线运动，实现平面内的搅拌功能；锅体绕 Y 轴旋转，结合连杆 2 的平面搅拌实现了立体搅拌功能。

如图 8-11 所示是利用曲柄摇杆机构设计的搅拌撒草机构，搅拌撒草机构以曲柄为原动件，连杆延长部分为执行件。转动的车轮带动固接在车轴上的链轮一起转动，链条又带动另一个装有曲柄的链轮转动，曲柄随车轮的转动而转动，利用连杆上 E 点所形成的轨迹，完成搅拌撒草运动。

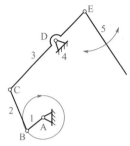

图 8-9　利用曲柄连杆机构设计的玩具机器人
手臂摆动机构

1—曲柄；2—连杆；3—摇杆；4—机架；5—手臂

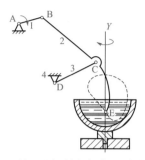

图 8-10　利用曲柄摇杆机构设计的搅拌机

1—曲柄；2—连杆；3—摇杆；4—机架

搅拌撒草机构的工作原理为：如图 8-12 所示，ABCD 为平面铰链四杆机构，A 和 D 为机架，曲柄 1 绕 A 轴做整周转动；摇杆 3 绕 D 轴做一定角度范围内的摆动；连杆 2 做平面运动，2 上 E 点的运动轨迹构成搅拌撒草的动作；E 点的运动轨迹与各杆的尺寸及在连杆上的位置有关。

图 8-11　利用曲柄摇杆设计的搅拌撒草机构

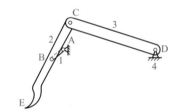

图 8-12　搅拌撒草机构的工作原理

1—曲柄；2—连杆；3—摇杆；4—机架

如图 8-13 所示是利用曲柄摇杆机构设计的插秧机抓秧机构，主要由曲柄 1、连杆 2、摇杆 3、机架 4 组成。

插秧机抓秧机构的工作原理为：曲柄 1 为原动件，绕机架上的 A 轴转动；摇杆 3 绕机架上的 D 轴摆动；连杆 2 做平面运动，其上 E 点按照图中虚线所画的卵形曲线运动，完成插秧动作。

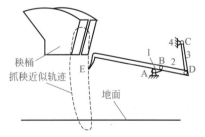

图 8-13　利用曲柄摇杆设计的插秧机抓秧机构

1—曲柄；2—连杆；3—摇杆；4—机架

如图 8-14 所示是利用曲柄摇杆机构设计的流水线送料机的驱动机构，它包含两个相同的曲柄摇杆机构。其中曲柄为原动件，连杆为送料执行件。连杆延长部分按设定轨迹运动，实现送料功能。

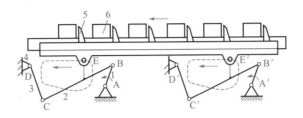

图 8-14　利用曲柄摇杆设计的流水线送料机的驱动机构

1—曲柄；2—连杆；3—摇杆；4—机架；5—推杆；6—物料

流水线送料机的驱动机构的工作原理为：电动机带动减速器转动，减速器输出轴带动曲柄 1 做整周匀速转动；通过连杆 2 驱动摇杆 3 摆动。曲柄 1 转动一周，连杆 2 上的 E 点的运动轨迹为虚线所示的卵形曲线。在 E 和 E′ 上铰接了推杆 5，当 E（E′）点行经卵形曲线右侧上部时，推杆 5 做近似水平直线运动，推动物料 6 向左前移。当 E（E′）点行经卵形曲线的最左侧上部时，推杆 5 开始下移以致脱离物料 6，沿卵形曲线下侧轨迹向右返回，上升至原位置。曲柄每转一周，物料 6 就前进一步。

③ 利用曲柄摇杆机构实现由往复摆动到连续转动的转换。

将曲柄摇杆机构中的摇杆作为原动件，曲柄作为执行件，即可将摇杆的往复摆动转换成曲柄的连续整周转动。

缝纫机的踏板机构就是利用曲柄摇杆机构实现了由踏板的往复摆动到缝纫机机头主轴连续转动的转换。如图 8-15（a）所示为缝纫机的踏板机构示意，如图 8-15（b）所示为其机构运动简图。

缝纫机踏板机构的运动原理为：在人力踩踏下，踏板 2 做原动件往复摆动；通过连杆 3 驱动使曲轴 4 做整周转动；曲轴带动大皮带轮转动，再经过带传动带动机头主轴转动。

如图 8-16 所示是利用曲柄摇杆机构设计的健身器，摇杆 CD 延长形成手柄，AB 为曲柄，CD 为连杆。

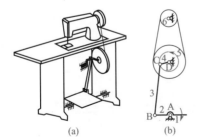

图 8-15　缝纫机踏板机构

1—机架；2—踏板（摇杆）；3—连杆；4—曲轴
（曲柄）；5—皮带轮；6—机头主轴轮

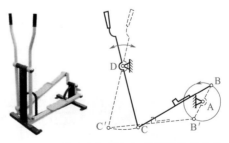

图 8-16　利用曲柄摇杆机构设计的健身器

健身器的工作原理为：摇动手柄带动摇杆 DC 做往复摆动，通过连杆 CB 驱使曲柄 BA 做整周旋转运动。

图 8-17 中的垃圾箱盖开启机构也是利用了曲柄摇杆机构。利用摇杆的摆动，实现曲柄的摆动，进而实现垃圾箱盖开启的功能。

8.1.3　双曲柄机构

双曲柄机构的特征是两连架杆均为曲柄，其作用是将一个曲柄的等速回转转变为另一个曲柄等速或变速回转。

双曲柄机构根据其从动件的运动不同，又可分为不等双曲柄机构、平行双曲柄机构、反向双曲柄机构三种形式。

（1）不等双曲柄机构

不等双曲柄机构如图 8-18 所示。当主动曲柄 BC 逆时针转 180° 时，从动曲柄 AD 转 φ_1 角度；BC 再转 180° 时，从动曲柄 AD 转 φ_2 角度，很明显 $\varphi_1 > \varphi_2$。所以当主动曲柄做等速转动时，从动曲柄做变速运动。利用这一特点，可以做成惯性筛，使筛子做变速往复运动。

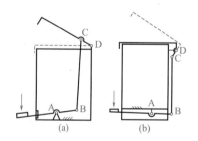

图 8-17　垃圾箱盖开启机构

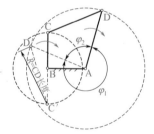

图 8-18　不等双曲柄机构

如图 8-19 所示为惯性筛机构示意，主要由原动曲柄 1、连杆 2 和 4、从动曲柄 3、滑块（筛网）5、机架 6 组成。A、B、C、D、E 为转动副，F 为移动副。这个六杆机构也可以看成由两个四杆机构组成。第一个是由原动曲柄 1、连杆 2、从动曲柄 3 和机架 6 组成的双曲柄机构；第二个是由从动曲柄 3（原动件）、连杆 4、滑块 5（筛网）和机架 6 组成的曲柄滑块机构。

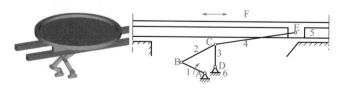

图 8-19　惯性筛机构示意

1—原动曲柄；2，4—连杆；3—从动曲柄；5—网筛；6—机架

惯性筛主体机构的运动过程为原动曲柄 1 等速回转一周时，从动曲柄 3 变速回转一周，使筛网 5 获得加速度，产生往复直线运动，其工作行程平均速度较低，空程平均速度较高。筛子内的物料因惯性而来回抖动，从而将被筛选的物料分离。

（2）平行双曲柄机构

平行双曲柄机构也称为平行四边形机构。如图 8-20 所示，该机构两曲柄的长度相等、转向相同，连杆与机架的长度也相等。图中曲柄 AB 和曲柄 DC 均是逆时针转动；两曲柄转速相等；连杆始终与机架平行。利用该机构的等速传动特性，可用于火车车轮联动机构设计；利用该机构连杆与机架始终平衡的特性可用于摄影平台升降机构、挖掘机铲斗机构、播种机播种机构、座椅、折叠桌、折叠工具箱等。

当平行四边形机构的四个杆处于同一直线位置时，从动件的运动不确定，为了避免发生这种现象，在平行四边形机构中常增加一个平行的连架杆，以确保从动件能按照正确的方式运动。

如图 8-21 所示为火车车轮联动机构示意与机构运动简图。该机构利用平行四边形机构的两曲柄回转方向相同、转速相等的特点，使被联动的各从动车轮与主动车轮具有完全相同的运动。由于该机构还具有运动不确定性，所以为了保证机构能按正确的方向运动，在机构中增加了另一个连架杆 5，这样可以使得两个连架杆总能同向回转。

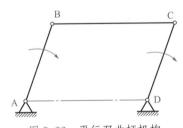

图 8-20　平行双曲柄机构

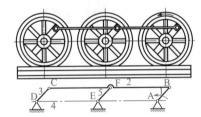

图 8-21　火车车轮联动机构示意与机构运动简图
1，3，5—连架杆；2—连杆；4—机架

如图 8-22 所示的摄影平台升降机构也是平行四边形机构，它是利用平行四边形机构在运动过程中连杆始终与机架平行这一特性进行设计的。这一特性确保摄影平台在升降、移动的过程中始终保持与机架平行，进而确保摄影平台始终处于水平状态。

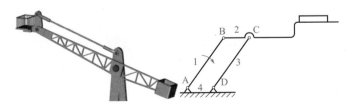

图 8-22　摄影平台升降机构
1，3—连架杆；2—连杆（升降平台）；4—机架

摄影平台升降机构的工作原理为：该机构由并行且相等的连架杆 AB 和 DC、平行且相等的连杆 BC 和机架 AD 组成。连架杆 AB 为原动件；连架杆 DC 为从动件，其转向和转速均与 AB 杆相同；连杆 BC 及其延长部分做平面运动，并始终保持与机架平行；利用连杆 BC 的延长部分实现摄影平台升降的功能。

如图 8-23 所示是汽车座椅所用的平行四边形机构。在座椅调节过程中，椅子连板上的 CD 连线与机架上的 AB 连线始终保持平行，AB 连线是固定不动的，因此 CD 连线的倾角也是固定不变的，从而保证椅面 4 始终处于水平状态。因此无论小个子驾驶员要向前、向下移动椅面靠背，或大个子驾驶员要向后、向上移动椅面靠背，椅子只移动而不转动，可维持椅面靠背的倾斜角度不改变。

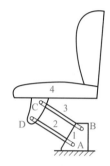

图 8-23　汽车座椅所用的平行
四边形机构

1—机架；2，3—连架杆；4—椅面

如图 8-24 所示为平行四边形折叠桌，与汽车座椅的设计思路一样，利用平行四边形对边始终平行的原理，使得桌子在展开和折叠抽屉的过程中，始终保持抽屉处于水平状态，避免物品滑落。

如图 8-25 所示为挖掘机铲斗机构，是平行四边形机构。

图 8-24　平行四边形折叠桌

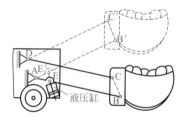

图 8-25　挖掘机铲斗机构

挖掘机铲斗机构的工作原理为：连杆 BC 在连板上固定，与机架 AD 连线平行且相等；液压缸在 E 点驱动连架杆 AB、CD 等速同向转动，进而使铲斗实现上下移动。由于连杆 BC 和机架 AD 始终平行，所以在上下移动的过程中可以使铲斗始终保持水平，避免铲斗倾斜而造成沙土撒落。

如图 8-26 所示的天平也是利用平行四边形机构设计的。

天平的工作原理为：天平两连架杆 AD 和 BC 进行了对称延长，形成了另外两个连架杆 AE 和 BF。连杆 CD 和 EF 固定在托盘支架上，且与竖直的机架 AB 平行。因此，无论在任何角度都能确保左右两侧的托盘支架处于竖直状态，进而保证托盘始终处于水平状态。

如图 8-27 所示的托盘秤所用的平行四边形原理与天平一样，始终使托盘处于水平状态。如图 8-28 所示的折叠工具箱也利用了平行四边形机构原理，保证在开启和折叠的全程保持各层盒始终处于水平状态。

如图 8-29 所示的播种机料斗机构也是采用平行四边形机构原理设计的。

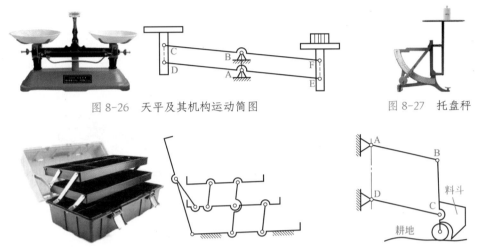

图 8-26　天平及其机构运动简图　　　　图 8-27　托盘秤

图 8-28　折叠工具箱　　　　图 8-29　播种机料斗机构

播种机料斗机构的工作原理为：ABCD 组成了平行四边形机构；机架 AD 处于竖直状态；连杆 BC 与机架 AD 相等且平行，保证在任何角度连杆 BC 都处于竖直状态；料斗固定在连杆 BC 上，保证了在任何角度料斗都处于竖直状态；两个连架杆 AB 和 DC 分别绕 A 轴和 D 轴转动；在播种过程中，随耕地地势的不同料斗机构上下移动，但始终保持料斗出口竖直向下，确保顺利播种。

（3）反向双曲柄机构

如图 8-30 所示，反向双曲柄机构也称为反平行四边形机构，是连杆与机架的长度相等、两个曲柄长度相等但转向相反的双曲柄机构。这个特点可以应用于需要做反向运动构件的产品上。常用于车门开闭机构、四轮拖车转向机构等。

图 8-30　反向双曲柄机构

公共汽车车门启闭机构就是反平行四边形机构，如图 8-31 所示。

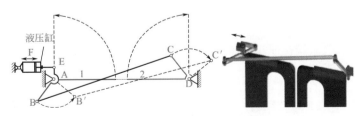

图 8-31　公共汽车车门启闭机构

1—左车门；2—右车门

公共汽车车门启闭机构的工作原理为：两个曲柄 AB 和 CD 的转向相反，车门 1 和 2 分别固接在连架曲柄 AB 和 DC 上。液压缸向左推进，带动曲柄 AB 和车门 1 做逆时针转动；连杆 BC 带动曲柄 CD 和车门 2 做顺时针转动；当曲柄 AB 转至 AB′ 时，曲柄 DC 转至 DC′，车门 1 和 2 开启。同理，液压缸向右推进，带动车门 1 和 2 关闭。

如图 8-32 所示的摇臂夹紧机构采用平行四边形机构和反平行四边形机构组合实现了对工件的夹紧功能。

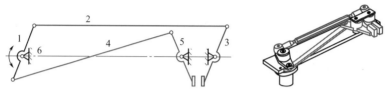

图 8-32　摇臂夹紧机构
1—原动件；2, 4, 6—构件；3, 5—执行件

构件 1、2、3、6 组成了平行四边形机构；构件 1、4、5、6 组成了反平行四边形机构。当原动件 1 顺时针转动时，执行件 3 做顺时针转动，执行件 5 做逆时针转动，执行夹紧动作；当原动件 1 逆时针转动时，执行件 3 做逆时针转动，执行件 5 做顺时针转动，执行开启动作。

8.1.4　双摇杆机构

若铰链四杆机构的两个连架杆都是摇杆，则该四杆机构称为双摇杆机构，该机构可将主动摇杆的摆动转换为从动摇杆的摆动。

双摇杆机构在摆动时，两摇杆的摆角大小不等。如图 8-33 所示，双摇杆机构 ABCD，当摇杆 AB 摆动至 AB′ 时，摇杆 DC 摆动至 DC′，此时两摇杆对应的摆角分别为 α 和 β，很明显 $\alpha \neq \beta$。这种摆角不等的特点能满足汽车、拖拉机转向机构的需要。

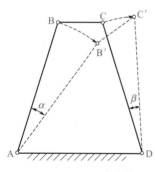

图 8-33　双摇杆机构

两个摇杆长度相等的双摇杆机构，称为等腰梯形机构。汽车的前轮转向机构就采用了等腰梯形机构，如图 8-34 所示。汽车转弯时，与前轮轴固连的两个摇杆的摆角 α 和 β 不相等，车辆将绕两前轮轴线的延长线交点 P 转弯。如果在任意位置都能使两前轮轴线的交点 P 落在后轮轴线的延长线上，则当整个车身绕 P 点转动时，四个车轮都能在地面上纯滚动，避免轮胎因滑动而损伤。一般情况下，等腰梯形机构可以近似地满足这一要求。

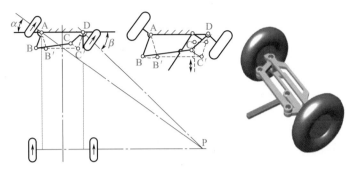

图 8-34　汽车前轮转向机构

如图 8-35 所示的水平式快速夹具是一种常用的双摇杆机构的快速夹紧装置。将其固定在工作台上，下压和上抬手柄即可快速夹紧和松开工件。其机构简图如图 8-36 所示。该装置也采用了双摇杆机构。连架杆 1 和 3 为摇杆；连杆 2 的延长部分形成手柄；摇杆 3 的延长部分形成压头。如图 8-36（a）所示，夹紧状态时，连杆 BC 与摇杆 AB 共线，机构处于止点位置，可提高工件夹紧的可靠性。

图 8-35　水平式快速夹具

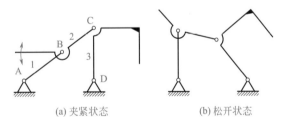

(a) 夹紧状态　　　　　　　(b) 松开状态

图 8-36　水平式快速夹具机构简图
1—摇杆；2—连杆（手柄）；3—摇杆（压头）

8.1.5　含有一个移动副的四杆机构

用移动副取代转动副的方式可以得到铰链四杆机构的其他演化形式。常用的取代方式是用一个移动副代替一个转动副形成滑块机构。

如图 8-37 所示，含有一个移动副的四杆机构中有 4 个杆件，分别是杆件 1~3 和滑块 4；有 3 个转动副 A、B、C，1 个移动副 D。

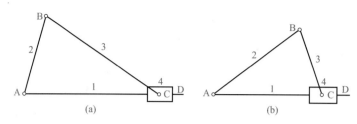

图 8-37　含有一个移动副的四杆机构

1～3—杆件；4—滑块

杆件 3 与滑块 4 铰接，杆件 2 与杆件 3 铰接，根据杆件 3 与杆件 2 之间的长度关系，含有一个移动副的四杆机构可分为如图 8-37（a）和（b）所示的两种形式。图 8-37（a）中是杆件 2 的长度 L_2 小于杆件 3 的长度 L_3，即 $L_2 < L_3$；图 8-37（b）中是杆件 2 的长度 L_2 大于杆件 3 的长度 L_3，即 $L_2 > L_3$。

杆件 2 和杆件 3 中，短杆两端的 2 个转动副是周转副，其余转动副是摆转副。图 8-37（a）中的短杆是杆件 2，图 8-37（b）中的短杆是杆件 3。由此可以推断出，图 8-37（a）中的 A 和 B 是周转副；图 8-37（b）中的 B 和 C 是周转副。

选取不同杆件为机架，机构所得到的运动形式也有所不同。含有一个移动副的四杆机构依据滑块 4 的运动形式进行命名，分为滑块机构、导杆机构、摇块机构、定块（移动导杆）机构等。

（1）滑块机构

取杆件 1 为机架，杆件 2 为原动件，该情况下滑块 4 沿杆件 1 滑动，此机构称为滑块机构。根据主动件是曲柄还是摇杆，又细分为曲柄滑块机构和摇杆滑块机构。

图 8-38 中 A 为周转副，故 AB 为曲柄，此机构称为曲柄滑块机构。

图 8-39 中 A 为摆转副，故 AB 为摇杆，此机构称为摇杆滑块机构。

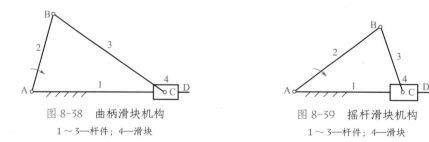

图 8-38　曲柄滑块机构　　　　　　　　图 8-39　摇杆滑块机构

1～3—杆件；4—滑块　　　　　　　　1～3—杆件；4—滑块

（2）导杆机构

取杆件 2 为机架，一般取杆件 3 为原动件，该情况下杆件 1 对滑块 4 起导向作用，故杆件 1 称为导杆，此机构称为导杆机构。滑块 4 相对杆件 1 做相对滑动，并随杆件 1 一起转动。根据导杆是否做整周转动，又细分为转动导杆机构和摆动导杆机构。

图 8-40 中 A 为周转副，杆件 1 可做周转动，故称该机构为转动导杆机构。此机构中杆件 1 和杆件 3 都可以做整周转动。

图 8-41 中 A 为摆转副，杆件 1 只能做一定角度内的摆动，故称该机构为摆动导杆机构。此机构中只有杆件 3 能做整周转动。

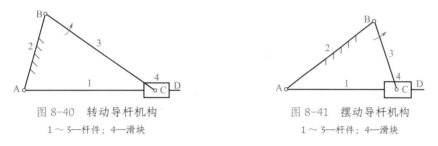

图 8-40 转动导杆机构
1～3—杆件；4—滑块

图 8-41 摆动导杆机构
1～3—杆件；4—滑块

导杆机构常用于回转式液压泵、牛头刨床、插床等机器的主体机构中。

（3）摇块机构

取杆件 3 为机架，杆件 2 为原动件，滑块 4 可以绕机架上的铰链中心 C 摆动，故称该机构为摇块机构。当杆件 2 做转动或摆动时，杆件 1 相对滑块 4 滑动，并一起绕 C 点摆动。根据滑块是否做整周转动，又细分为摆块机构和转块机构。

图 8-42 中的 C 为摆转副，滑块 4 只能绕 C 在一定角度内摆动，故称该机构为摆块机构。

图 8-43 中的 C 为周转副，滑块 4 可以绕 C 做整周转动，故称该机构为转块机构。

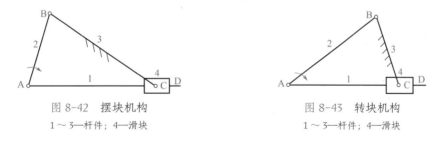

图 8-42 摆块机构
1～3—杆件；4—滑块

图 8-43 转块机构
1～3—杆件；4—滑块

（4）定块机构

如滑块为机架，因为滑块固定不动，故此机构称为定块机构（图 8-44）。又因为该状态下，导杆 AD 只做直线移动，故此机构也称为移动导杆机构。滑块 4 为定块，一般取杆件 2 为原动件，杆件 3 绕 C 点往复摆动，而杆件 1 仅相对滑块 4 做往复移动。定块机构常用于抽水泵、抽油泵、快速夹具等产品中。

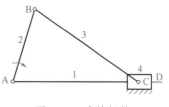

图 8-44 定块机构
1～3—杆件；4—滑块

8.1.6   曲柄滑块机构

曲柄滑块机构可实现连续转动运动与直线往复运动之间的转换。该机构可用于旋转动力输入到直线运动输出的产品，也可用于直线动力输入到旋转（或摆动）运动输出的产品。旋转动力可以由旋转电动机、内燃机提供；直线动力通常由液压缸提供，也可以由先进的直线电动机提供。

如图8-45所示为利用曲柄滑块机构设计的冲压机，曲轴（曲柄）AB为原动件，滑块为执行件，将曲轴（相当于曲柄）的旋转运动转换为冲压头（相当于滑块）的往复直线运动。

如图8-46所示为利用曲柄滑块机构设计的送料机构，曲柄AB每转动一周，滑块C就从料槽中推出一个工件。

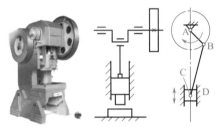

图 8-45   利用曲柄滑块机构设计的冲压机

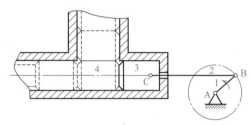

图 8-46   利用曲柄滑块机构设计的送料机构

1—曲柄；2—连杆；3—滑块；4—工件

如图8-47所示为发动机中的气缸结构。发动机应用曲柄滑块机构将活塞（相当于滑块）的往复直线运动转换为曲轴（相当于曲柄）的旋转运动。其机构运动简图如图8-48所示。

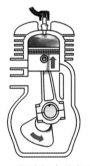

图 8-47   发动机中的气缸结构

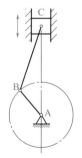

图 8-48   气缸机构运动简图

发动机气缸的工作原理为：燃料在气缸内燃烧，所产生的压力直接推动活塞做直线运动，活塞带动曲柄AB旋转，实现了由活塞的往复直线输入到曲柄连续转动输出的转换。

8.1.7   曲柄摇块机构

结合液压缸提供的直线动力，利用曲柄摇块机构可以将直线运动输入转换成转动或角度输出。曲柄摇块机构也经常用于行走玩具、机器人等产品上，以模拟人或动物的行走。

如图 8-49 所示为利用曲柄摇块机构设计的自卸汽车卸料机构。液压缸中的压力液推动连杆 2 做直线运动的同时还绕 C 轴旋转，使得车斗 1 绕 A 轴倾斜，当达到一定角度时，物料就自动卸下。

如图 8-50 所示为电动玩具马的主体运动机构。该电动玩具马也是利用曲柄摇块机构设计的。曲柄 1 为原动件，玩具马固连在连杆 2 上，连杆 2 的摇摆和伸缩使马获得跃上、窜下、前俯后仰的姿态。它的运动模仿马的运动形态，给骑在玩具马上的小朋友以身临其境的感觉。

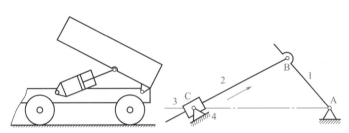

图 8-49 利用曲柄摇块机构设计的自卸汽车卸料机构

1—曲柄（车斗）；2—连杆；3—摇块；4—车架

图 8-50 电动玩具马的主体
运动机构

1—曲柄；2—连杆；3—摇块；4—机架

如图 8-51 所示的两足行走机构也是利用曲柄摆块机构设计的。曲柄 1 是原动件，杆件 2 的延长部分形成了执行件两脚。

两足行走机构的工作过程为：机芯输出轴弯成曲轴形式，左右两端弯曲相错 180°，作为曲柄带动左右两腿前后交替运动。两腿上部开有滑槽，安装在固定销上，固定销装在玩具外壳或机芯箱壁上。当曲轴转动时，两腿以固定销为轴前后摆动，脚底面与地面接触形成迈步动作，行走过程中腿部长度的变化通过滑槽来调节。

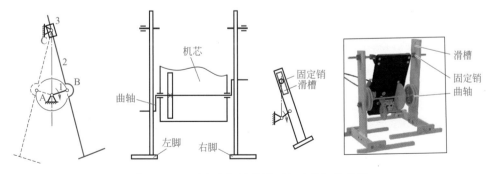

图 8-51 两足行走机构的原理与动作机构简图

8.1.8 摆动导杆机构

在摆动导杆机构中，导杆做一定角度内的摆动，另一个连架杆为可做整周转动的曲柄。采用摆动导杆机构时，一般以曲柄为原动件，通过曲柄的连续转动获得导杆的往复摆动。

如图 8-52 所示是电动小猪的外形，体形胖胖的小猪在四腿迈步向前行走的过程中，酷酷的眼镜还一直以不同的速度摆动，十分有趣。眼镜摆动机构是采用摆动导杆机构设计的，其工作原理简图如图 8-53 所示。眼镜机构由带圆销轴的驱动轮、带长圆孔的连接杆眼镜组成。运动过程中，圆柱销与长圆孔之间既相互移动又相互转动。驱动轮的整周转动转换成了眼镜的上下摆动。

图 8-52 电动小猪的外形

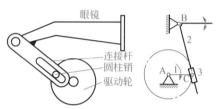

图 8-53 眼镜摆动机构工作原理简图

1—导杆；2—连接杆；3—滑块

8.1.9 移动导杆机构

在移动导杆机构的应用上，通常把曲柄作为原动件，移动导杆作为执行件，完成由曲柄的转动到移动导杆直线运动的转换。

如图 8-54 所示的推拉式快速夹具就是利用移动导杆机构设计的，其机构运动简图如图 8-55 所示。曲柄 1 的延长部分形成了手柄，推动手柄带动曲柄 1 旋转，连杆 2 推动导杆 4 沿定块 3 做直线移动，进而实现夹紧功能。

图 8-54 推拉式快速夹具

如图 8-56 所示为烤杯机，它利用推拉式快速夹具对杯子进行快速夹持。烤杯的流程如图 8-57 所示。

① 选择所需的图片。

② 用热转印墨水打印到彩喷纸或者升华纸上，裁切好图片，包裹在杯子表面，用高温胶带固定好 4 个角。

③ 打开烤杯机电源，将温度设定好，将杯子放入烤杯垫内，压下手柄调节好压力大小，按一下执行键。

④ 等待升温完成机器发出长蜂鸣声时，取出杯子，撕掉图纸，烤杯完成。

如图 8-58 所示为手压抽水机及其机构运动简图。该设备也采用了移动导杆机构。曲柄 1 的延长部分形成了手柄，当手柄往复摆动时，移动导杆 3 带动活塞在缸体 4（固定滑块）中往复移动将水抽出。

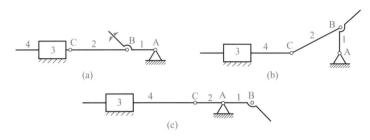

图 8-55 推拉式快速夹具机构运动简图

1—曲柄（手柄）；2—连杆；3—定块；4—导杆（压头）

图 8-56 烤杯机   图 8-57 烤杯的流程

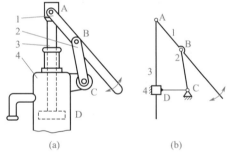

图 8-58 手压抽水机及其机构运动简图

1—曲柄（手柄）；2—连杆；3—导杆（活塞）；4—固定滑块（缸体）

/ 8.2 / 凸轮机构

凸轮机构是由具有曲线轮廓或凹槽的构件，通过高副接触带动从动件实现设定运动规律的一种高副机构，它广泛应用于各种机械，特别是自动机械、自动控制装置和装配生产线中，是实际工程中用于实现机械化和自动化的一种常用机构。

凸轮机构主要由凸轮、从动件和固定机架三个构件组成。凸轮为主动件，从动件靠重力或弹簧力与凸轮紧密接触，凸轮旋转驱动从动件做往复直线运动。

凸轮机构的类型有很多。按凸轮的形状分，有盘形凸轮、移动凸轮、圆柱凸轮、锥形凸轮；按从动件的形式分，有尖顶从动件、滚子从动件、平底从动件；按从动件的运动形式分，有直动从动件、摆动从动件。

表 8-1 列出了各类常用凸轮机构的特点及应用。

表 8-1　各类常用凸轮机构的特点及应用

凸轮形状	从动件形状	从动件的运动形式	
		直动	摆动
盘形凸轮	尖顶		—
	滚子		
	平底		
移动凸轮	尖顶		
	滚子		
圆柱凸轮	滚子		
锥形凸轮	滚子		

8.2.1　盘形凸轮机构

盘形凸轮是一个具有变化半径的盘形构件，绕固定轴线回转，其结构简单，但是从动件行程不能太大，否则凸轮会运转沉重。

盘形凸轮机构中，一般是以旋转的凸轮为原动件，获得执行件的直线往复运动，通常配以弹簧使执行件复位。盘形凸轮的旋转面与执行件直线运动平面共面或平行。

如图 8-59 所示，多缸发动机配气机构工作时，凸轮 1 配合压簧 2 作用于气门 3，使其上下往复移动，以开启、关闭气门。凸轮旋转，径向下移，向下推进气门，打开气门；凸轮旋转，径向上移，压簧推动气门向上复位，关闭气门。通过多个凸轮的协调动作，控制着各个气缸按预定规律完成进气和排气的工作循环。

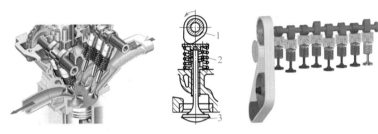

图 8-59　发动机配气机构

1—凸轮；2—压簧；3—气门

如图 8-60 所示为凸轮快速夹紧器，主要由凸轮 1、顶杆 2、固定导路 3 和弹簧 4 等组成。凸轮 1 与手柄固连，逆时针转动手柄，凸轮 1 绕 A 轴转动时，推动顶杆 2 沿着固定导路 3 向左移动，将工件夹紧；相反，若顺时针方向转动手柄，则弹簧 4 推动顶杆向右移动，将工件松开。

如图 8-61 所示为凸轮式机械手机构，由凸轮 1、弹簧 2、从动件（夹板）3 等组成。夹板 3 呈倒 L 形，其上端为可左右移动滑块部分，下端为机械手的夹板部分。机械手的夹持动作是依靠凸轮 1 的转动和弹簧 2 的拉力来实现的。机构依靠弹簧 2 的拉力实现对工件的夹紧，而工件的松开则是由凸轮 1 的转动，克服弹簧拉力后推动滑块来实现的。

如图 8-62 所示为凸轮式摆动筛，主要由筛体 1、偏心轮（凸轮）2、平行四边形机构 ABCD、挠性皮带 3 等组成。偏心轮 2 转动时，通过左右带轮带动筛体 1 上下、左右往复摆动。筛体 1 悬挂在平行四边形机构 ABCD 上，保证筛体在上下、左右摆动中始终处于水平状态。

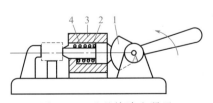

图 8-60　凸轮快速夹紧器

1—凸轮（手柄）；2—顶杆；

3—固定导路；4—弹簧

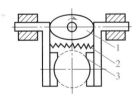

图 8-61　凸轮式机械手机构

1—凸轮；2—弹簧；

3—从动件（夹板）

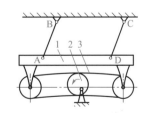

图 8-62　凸轮式摆动筛

1—筛体；2—偏心轮（凸轮）；

3—挠性皮带

如图 8-63 所示是利用凸轮机构设计的绕线机，主要由凸轮 1、螺旋齿轮 2 和 3、绕线轴 4、拨线杆 5、弹簧等组成。在一定长度的绕线轴上一圈一圈均匀地绕线，需要两个运动一起协同才能完成任务。一是绕线轴的旋转运动，二是线平行于绕线轴轴线的直线运动。

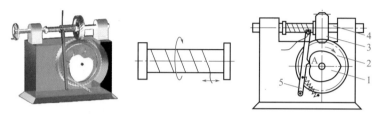

图 8-63　利用凸轮机构设计的绕线机

1—凸轮；2，3—螺旋齿轮；4—绕线轴；5—拨线杆

绕线机的工作原理为：螺旋齿轮 3 的转动带动绕线轴 4 转动；凸轮 1 与螺旋齿轮 2 固连在一起，螺旋齿轮 3 的转动带动螺旋齿轮 2 和凸轮 1 缓慢转动；依靠弹簧拉力使从动件 2 的尖顶 A 与凸轮轮廓保持接触，凸轮 1 的连续旋转转化为从动件 2 的左右往复摆动，于是从动件 2 上端的圆孔卡着线缓慢地做近似平行轴线的直线往复移动，使线均匀地绕到快速旋转的绕线轴 4 的外圈。

8.2.2　移动凸轮机构

移动凸轮可看作是旋转轴在无穷远处的盘形凸轮的一部分，它做往复直线移动。凸轮和从动件都可做往复移动，一般以往复移动的移动凸轮为原动件，以获得从动件的往复移动或往复摆动。

如图 8-64 所示是采用移动凸轮机构设计的靠模机构，主要由凸轮 1、滚子 2、弹簧 3、刀架 4、车刀 5 等组成。将靠模机构整体固定在车床床身上，整个刀架可看成从动件，滚子 2 在弹簧力作用下紧靠着凸轮 1。车削加工时，工件（手柄毛坯）6 旋转，刀架 4 带动车刀 5（从动件）沿工件轴向移动，由靠模板曲线轮廓控制车刀相对于工件的径向进给；车刀按预定规律动作，从而车削出具有曲面轮廓的工件 6。

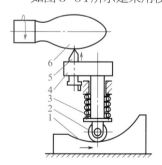

图 8-64　采用移动凸轮机构
设计的靠模机构

1—凸轮；2—滚子；3—弹簧；

4—刀架；5—车刀；6—工件

如图 8-65 所示是配钥匙机及其工作原理。它也是采用靠模的方式实现钥匙的配制的，也可以看成移动凸轮机构。配钥匙机主要由机架、夹具、导针、盘刀、手柄等组成。配制钥匙时，先利用夹具将母钥匙和匙坯夹牢，让导针和

盘刀分别顶靠在母钥匙和匙坯尾部，完成定位；开机后盘刀在电动机的带动下高速旋转，推动活动手柄靠紧母钥匙上的齿形，夹持体带动母钥匙和匙坯向左移动，盘刀在匙坯上"复制"出与母钥匙相同的齿形。

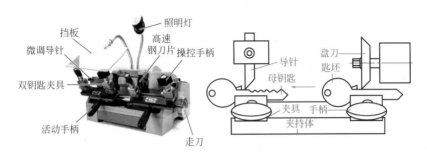

图 8-65　配钥匙机及其工作原理

如图 8-66 所示是利用移动凸轮机构设计的录音机卷带装置，主要由凸轮 1、从动件 2、弹簧 3、带轮 4、摩擦轮 5、卷带轮 6 等组成。凸轮 1 随播放键上下移动，播放时，凸轮 1 处于图示最低位置，在弹簧 3 的弹力作用下，安装于带轮 4 上的摩擦轮 5 紧靠卷带轮 6，从而将磁带卷紧。停止播放时，凸轮 1 随按键上移，其轮廓压迫从动件 2 顺时针摆动，使摩擦轮与卷带轮分离，从而停止卷带。该机构可将移动凸轮的往复直线运动转化成从动件的往复摆动。

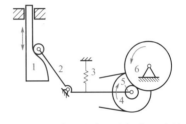

图 8-66　利用移动凸轮机构设计的
录音机卷带装置

1—凸轮；2—从动件；3—弹簧；4—带轮；

5—摩擦轮；6—卷带轮

8.2.3　圆柱凸轮机构

圆柱凸轮是一个在圆柱面上开有曲线凹槽，或是在圆柱端面上做出曲线轮廓的构件，它可看作是将移动凸轮卷于圆柱体上形成的。一般是以旋转的圆柱凸轮为原动件，以获得从动件的往复直线运动或往复摆动。该凸轮机构的从动件可获得较大的行程。

如图 8-67 所示是圆柱凸轮式自动送料机构，主要由推杆 1、圆柱凸轮 2、滑块 3 等组成。圆柱凸轮旋转时，凹槽的侧面推动滑块 3，滑块 3 固连着推杆 1，圆柱凸轮 2 每转动一圈，带动从动件推杆 1 左右往返运动一次，从右边料筒中推出一个物料。

如图 8-68 所示是利用圆柱凸轮设计的自动机床的进刀机构，主要由凸轮 1、滚子 2、摆杆 3、扇形齿轮 4、齿条 5、刀架 6 等组成。当具有凹槽的凸轮 1 回转时，凹槽的侧面推动摆杆 3 端部的滚子 2，使摆杆绕 A 轴做往复摆动，摆杆另一端的扇形齿轮 4 带动齿条 5 移动，齿条 5 固接刀架 6，从而使刀架实现进刀和退刀动作。

图 8-67　圆柱凸轮式自动送料机构

1—推杆；2—圆柱凸轮；3—滑块

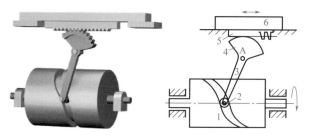

图 8-68　利用圆柱凸轮设计的自动机床的进刀机构

1—凸轮；2—滚子；3—摆杆；4—扇形齿轮；5—齿条；6—刀架

8.2.4　空间端面凸轮机构

如图 8-69 所示为空间端面凸轮压紧机构，主要由凸轮 1、从动件 2 组成。按图示方向转动凸轮 1 时，从动件 2 随着凸轮的轮廓线 a—a 向下移动，从而将工件 3 夹紧；当反方向转动凸轮 1 时，即可将工件 3 松开。凸轮 1 的轮廓线为升距较大的螺旋线，从而使从动件 2 具有较大的行程。

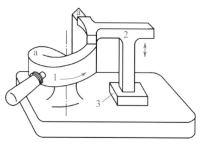

图 8-69　空间断面凸轮压紧机构

1—凸轮；2—从动件；3—工件

【思考与练习】

1. 产品收集：按照连杆机构的分类，就曲柄摇杆机构、双曲柄机构、双摇杆机构、曲柄滑块机构、导杆机构、滑块机构、定块机构进行产品收集，每种机构收集 3 种产品，并对其进行简要说明。

2. 产品收集：按照凸轮机构的分类，就盘形凸轮、移动凸轮、圆柱凸轮进行产品收集，每种机构收集 3 种产品，并对其进行简要说明。

3. 实际产品拆装与建模：选择发条玩具进行拆装、绘制、计算机建模。

4. 产品创新设计：根据连杆机构与凸轮机构的特点，进行产品（机构）创新设计，对设计进行详细说明，绘制机构运动简图并进行计算机建模。

第9章
/ 间歇运动机构

/ 知识体系图

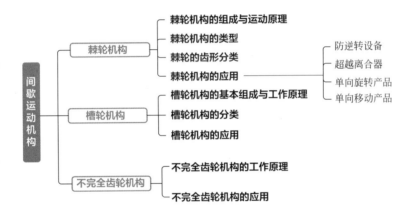

/ 学习目标

知识目标

1. 掌握各间歇运动机构的组成和特点。

2. 了解各间歇运动机构的产品设计应用。

技能目标

1. 分析间歇运动机构在实际产品中的功能。

2. 利用间歇运动机构进行产品创新思考与设计。

在许多机械产品中，特别是自动机械和半自动机械中，由于生产工艺的要求，经常需要某些机构的主动件做连续运动时，从动件能够产生周期性的间歇运动，即运动－停止－运动。能够将原动件的连续转动转变为从动件周期性运动和停歇的机构，称为间歇运动机构。这种机构多用于产品的进给、送料、分度、方向限制等装置中。

实现间歇运动的机构主要包括棘轮机构、槽轮机构、不完全齿轮机构等，可实现旋转间歇运动、直线间歇运动、复杂间歇运动等。

/ 9.1 / 棘轮机构

棘轮机构主要由棘轮、棘爪及机架组成，其机构简单，但运动准确度差，在高速条件下使用有冲击和噪声。常用于将摇杆的摆动转换为棘轮的单向间歇运动，在进给机构中应用广泛。在许多机械中还常用棘轮机构做防逆装置。

9.1.1 棘轮机构的组成与运动原理

如图9-1所示是棘轮机构的基本组成，主要由棘轮1、摇杆4（原动件）、铰接在摇杆上的驱动棘爪2、止回棘爪5和机架组成。

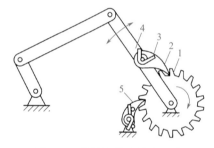

棘轮机构的运动原理为：当摇杆4顺时针摆动时，驱动棘爪2推动棘轮1同向转过一定角度，止回棘爪5在棘轮1的齿背上滑过；当摇杆4逆时针摆动时，驱动棘爪2在棘轮1的齿背上滑过，止回棘爪5阻止棘轮反向转动，使棘轮停止不动。因此在摇杆4不断往返摆动时，棘轮1做单方向的时动时停的间歇运动。图9-1中驱动棘爪和止回棘爪上的扭簧能让棘爪贴靠在棘轮的齿面上，确保棘爪工作的可靠性。

图 9-1 棘轮机构的基本组成
1—棘轮；2—驱动棘爪；3—弹簧；4—摇杆；
5—止回棘爪

9.1.2 棘轮机构的类型

棘轮机构可分为齿式和摩擦式两大类，每类中又有几种不同的结构形式。齿式棘轮机构主要由棘爪和齿式棘轮组成，一般棘爪为主动件，其运动可由连杆机构、凸轮机构、液压、气动等实现。棘轮为从动件，可实现单向间歇运动。

如图9-2所示，齿式棘轮有外齿式、内齿式和端齿式三种类型。各种齿式棘轮中以外齿式应用最广。当棘轮直径变为无穷大时，棘轮变为棘条，此时棘轮的单向间歇转动变为棘条的单向间歇移动。如图9-3所示为棘条机构。

摩擦式棘轮机构主要有偏心扇形块式及滚子式等不同的结构形式。

如图9-4所示为偏心扇形块式摩擦式棘轮机构，图中以实线箭头表示主动件的运动方向，以虚线箭头表示从动件的单向间歇运动。

如图9-5所示为滚子式摩擦式棘轮机构，图中以实线箭头表示主动件的运动方向，以虚线箭头表示从动件的单向间歇运动。

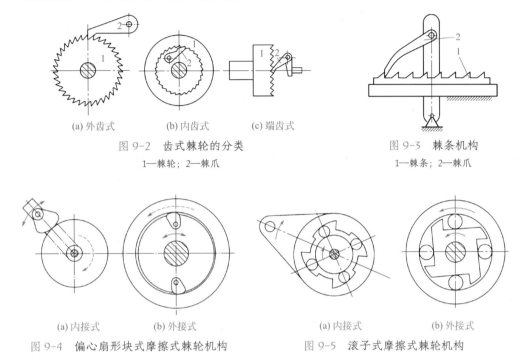

(a) 外齿式　　(b) 内齿式　　(c) 端齿式

图 9-2　齿式棘轮的分类

1—棘轮；2—棘爪

图 9-3　棘条机构

1—棘条；2—棘爪

(a) 内接式　　(b) 外接式

图 9-4　偏心扇形块式摩擦式棘轮机构

(a) 内接式　　(b) 外接式

图 9-5　滚子式摩擦式棘轮机构

齿式棘轮又分为单向和双向两种。单向齿式棘轮有外接齿式棘轮、内接齿式棘轮、钩头双动式齿式棘轮、直推双动式齿式棘轮等。齿式棘轮的具体分类与图样如表 9-1 所示。

表 9-1　齿式棘轮的具体分类与图样

方向	单向				双向	
图样		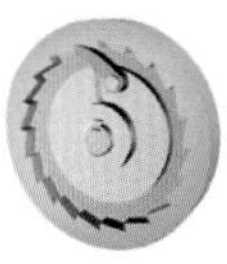				
名称	外接棘轮	内接棘轮	钩头双动式	直推双动式	可变向棘轮	

9.1.3　棘轮的齿形分类

棘轮的齿形有不对称梯形、不对称三角形、不对称圆弧形、对称梯形和对称矩形，如图 9-6 所示。

不对称梯形用于承受载荷较大的产品；不对称三角形和不对称圆弧形用于承受较小载荷的产品；对称矩形和对称梯形用于双向棘轮机构。

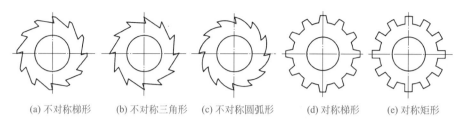

(a) 不对称梯形　　(b) 不对称三角形　(c) 不对称圆弧形　　(d) 对称梯形　　(e) 对称矩形

图 9-6　棘轮的齿形分类

9.1.4　棘轮机构的应用

棘轮机构经常用于防逆转、超越离合、单向旋转、单向移动、间歇送进等机构中。

（1）防逆转设备

如图 9-7 所示是起重安全装置，由鼓轮 1、棘轮 2、止回棘爪 3 等组成。棘轮与鼓轮固连在一起，止回棘爪 3 防止棘轮逆转，进而防止鼓轮逆转，避免在机械发生故障时鼓轮逆转导致重物下落。

如图 9-8 所示为卷尺自锁机构，由尺芯轮 1、棘轮 2、弹簧 3、止回棘爪 4 等组成。尺芯轮 1 和棘轮 2 固连在一起，尺带的拉伸带动尺芯轮和棘轮一同旋转；弹簧 3 压着止回棘爪卡住棘轮齿，防止其逆旋转，进而防止尺带的回缩；止回棘爪的另一端是按钮，按下按钮，克服弹簧弹力使棘爪脱离，发条带动尺芯轮逆转回收尺带。

如图 9-9 所示为球网收紧器，主要由棘轮 1、棘爪 1、弹簧片 3 和机架等组成。逆时针转动手柄，带动棘轮转动，球网被逐渐拉紧，每拉紧一个棘齿，都有棘爪卡住棘轮使它不会逆转返松，可随时停下来放心地去检查球网的松紧度，调节很方便。很多收线装置也采用类似方式，如鱼线收集器、风筝收线器、网线收集器、水管收集器等产品。

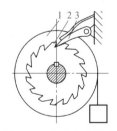

图 9-7　起重安全装置
1—鼓轮；2—棘轮；3—止回棘爪

图 9-8　卷尺自锁机构
1—尺芯轮；2—棘轮；3—弹簧；
4—止回棘爪

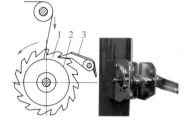

图 9-9　球网收紧器
1—棘轮；2—棘爪；3—弹簧片

单向轴承是滚子式及摩擦式棘轮机构原理的经典设计运用。单向轴承，顾名思义是在一个方向上可以自由转动，而在另一个方向上锁死的一种轴承，也称为超越离合器。单向轴承既可以作为逆止器使用，也可以作为超越离合器使用。广泛应用于纺织机械、印刷机械、汽车工业、家用电器、验钞机等产品中。

如图9-10所示是单向轴承及其工作原理，主要由内圈1、外圈2、弹簧3、滚子4组成。内圈呈圆筒状，外圈内侧有斜坡式滚动座（穴）5，弹簧将滚子压在斜坡窄处。内圈顺时针转动、外圈逆时针转动时，滚子处于斜坡宽处而不受影响，轴承内外圈可以相对转动；当内圈逆时针转动、外圈顺时针转动时，滚子处于斜坡窄处而被卡住，轴承内外圈不能相对转动。

单向轴承作为逆止器使用时，需要将外圈或者内圈固定在机架上，只剩其中一个圈转动。

如图9-11（a）所示为外圈固定在机架上不动，内圈旋转，在箭头所示方向滑行，在相反方向被逆止不可运行。这种结构较为常见（如倒装，方向则颠倒）。如图9-11（b）所示为内圈固定在机架上不动，外圈在箭头所示方向自由滑行，在相反方向被逆止，不可运行。这种结构较少应用（如倒装，方向则颠倒）。

 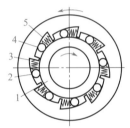 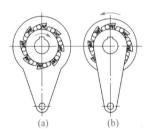

图 9-10　单向轴承及其工作原理　　　　　　图 9-11　单向轴承逆止器

1—内圈；2—外圈；3—弹簧；4—滚子；5—斜坡式滚动座

如图9-12所示为单向旋转闸门，将单向轴承的外圈固定在门架上，内圈固定在旋转闸门中轴上，内圈带动旋转闸门相对于门架只能做单向转动，实现了单向通行的功能。

（2）超越离合器

单向轴承作为超越离合器时，内外圈均可转动，内外圈也均可为原动件，依据内外圈的速度大小确定两圈是单独转动还是共同转动，以实现内外两圈的分离与结合。当从动件被原动件带动一起转动时，称为接合状态；当从动件从原动件脱开以各自的速度回转时（即从动件超越了原动件），称为超越状态。

如图9-13所示为超越离合器工作原理。

如图9-13（a）所示，由外圈带动内圈运动，当 $v_1 < v_2$ 时，内外圈均自由滑行，当 v_1 逐渐增大，并达到 v_2 转速时（或 v_2 逐渐减小，并达到 v_1 转速时），外圈带动内圈同步运行（如倒装，方向则颠倒）。

图 9-12　单向旋转闸门

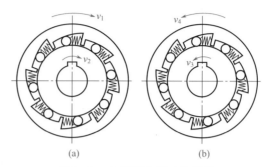

图 9-13　超越离合器工作原理

如图 9-13（b）所示，由内圈带动外圈运动，当 $v_3 < v_4$ 时，内外圈均自由滑行，当 V_3 逐渐增大，并达到 v_4 转速时（或 v_4 逐渐减速，并达到 v_3 转速时），内圈带动外圈同步运行（如倒装，方向则颠倒）。

由以上两种情况可总结得出，超越离合器只有在原动件的转速大于或等于从动件的转速时，内部滚子卡在斜坡式滚动座（穴）窄处，内外两圈才结合并同步转动；当从动件的转速大于原动件的转速时，内部滚子处于斜坡式滚动座（穴）宽处，内外圈各自自由转动，此时从动件完成了对原动件的超越。

摩托车的超越离合器安装在启动电动机与发动机曲轴之间，负责在电启动时把启动电动机的旋转传递给曲轴，带动发动机转动，并且在启动后使两者分离，避免损坏的部件。

如图 9-14 所示是摩托车的超越离合器示意，主要由启动齿轮 1、外圈 2、内圈 3 等组成。启动齿轮 1 与启动电动机输出的主动齿轮相啮合，内圈 3 与发动机曲轴 4 连接。该种情况下的超越离合器处于外圈为原动件、内圈为从动件的状态。当用电启动时，启动电动机转速较高，发动机是相对静止的，此时原动件（启动齿轮）的转速大于从动件（发动机曲轴）的转速，内外两圈同步转动，带动曲轴旋转以启动发动机。而当发动机启动后的转速比启动电动机高时，发动机带动内圈超越、脱离外圈（启动齿轮），内外两圈各自自由转动。即使这时再按下启动按钮，发动机和启动电动机也是相对空转的，不会啮合在一起发生故障。

单向轴承的超越性能也经常作为各种机械装置的速度转换来使用。用超越离合器使变速部位装置变得简单，利于降低成本。利用一台电动机输入正反转速，在同一方向可实现两级变速。如图 9-15 所示是由一台正逆驱动机控制的同轴二级变速机构，主要由齿轮（2、4、6、7、10）、传动轴（1、5、8）、超越离合器（3、9）组成。其中传动轴 1 和 8 分别固接在超越离合器 3 和 9 的内圈，齿轮 4 和 10 分别固接在超越离合器 3 和 9 的外圈上。

同轴二级变速机构的运动原理如下。

① 当作为输入轴的传动轴 1 做顺时针旋旋时，带动齿轮 2 和超越离合器 3 的内圈做顺时针转动。

a. 齿轮 2 顺时针转动→齿轮 10 逆时针转动→超越离合器 9 外圈逆时针转动→此时处于超越（分离）状态→内、外圈自由转动。

b. 超越离合器 3 的内圈顺时针转动→超越离合器处于啮合状态→外圈顺时针转动→齿轮 6 逆时针转动→传动轴 5 逆时针转动（高速）。

齿轮 6 逆时针转动→齿轮 7 顺时针转动→传动轴 8 顺时针转动→超越离合器 9 的内圈顺时针转动。同样，此时的超越离合器 9 处于超越（分离）状态。

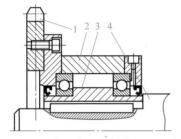

图 9-14　摩托车的超越离合器示意
1—启动齿轮；2—外圈；3—内圈；4—曲轴

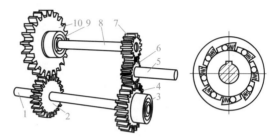

图 9-15　由一台正逆驱动机控制的同轴二级变速机构
1，5，8—传动轴；2，4，6，7，10—齿轮；3，9—超越离合器

② 当传动轴 1 逆时针旋转时，带动齿轮 2 和超越离合器 3 的内圈逆时针转动。

a. 齿轮 2 逆时针旋转→齿轮 10 顺时针旋转→超越离合器 9 的外圈顺时针旋转→超越离合器 9 处于啮合状态→超越离合器 9 的内圈顺时针旋转→传动轴 8 顺时针转动→齿轮 7 顺时针转动→齿轮 6 逆时针转动→传动轴 5 逆时针低速转动。

齿轮 6 逆时针转动→齿轮 4 顺时针转动（低速）→超越离合器 3 的外圈顺时针转动（低速）。

b. 传动轴 1 逆时针旋转→超越离合器 3 的内圈逆时针转动（高速），外圈顺时针低速转动，故此时的超越离合器 3 处于超越（分离）状态。

由上面分析可以看出，当传动轴 1 顺时针转动时，传动轴 5 逆时针高速转动；当传动轴 1 逆时针转动时，传动轴 5 逆时针低速转动。

如图 9-16 所示为自动存款机传输通道原理结构简图，主要由主动轴 1、齿轮（2~5、9~11）、单向轴承（6、7）、输出轴 8 和其他传动轴等组成。单向轴承 6 和 7 的内圈固接在输出轴 8 上，外圈分别固接在齿轮 5 和 9 上。

自动存款机的工作原理如下。

① 主动轴 1 顺时针转动→齿轮 2 和 3 顺时针转动。

a. 齿轮 2 顺时针转动→齿轮 11 逆时针转动→齿轮 10 顺时针转动→齿轮 9 逆时针转动→单向轴承 7 的外圈逆时针转动→单向轴承 7 处于超越（分离）状态，不能带动内圈同方向转动，所以对输出轴 8 不产生影响。

b. 齿轮 3 顺时针转动→齿轮 4 逆时针转动→齿轮 5 顺时针转动→单向轴承 6 的外圈

顺时针转动→单向轴承 6 处于啮合状态→单向轴承 6 的内圈顺时针转动→输出轴 8 顺时针转动。

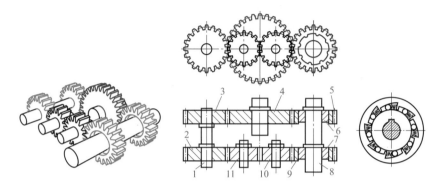

图 9-16　自动存款机传输通道原理结构简图
1—主动轴；2-5，9-11—齿轮；6，7—单向轴承；8—输出轴

② 主动轴 1 逆时针转动→齿轮 2 和 3 逆时针转动。

a. 齿轮 2 逆时针转动→齿轮 11 顺时针转动→齿轮 10 逆时针转动→齿轮 9 顺时针转动→单向轴承 7 的外圈顺时针转动→单向轴承 7 处于啮合状态→单向轴承 7 的内圈顺时针转动→输出轴 8 顺时针转动。

b. 齿轮 3 逆时针转动→齿轮 4 顺时针转动→齿轮 5 逆时针转动→单向轴承 6 的外圈逆时针转动→单向轴承 6 处于超越（分离）状态，不能带动内圈同方向转动，所以对输出轴 8 不产生影响。

从以上分析可以得出结论：无论主动轴顺时针还是逆时针转动，输出轴都是顺时针转动。由此机构可以实现不管在存款还是取款的过程中，输出轴所带动的通道都是向钞口方向转动，从而实现了存款过程中的退钞流程以及直接取款流程。动力只需要一个电动机实现，大大地降低了模块成本，结构也更加紧凑。

（3）单向旋转产品

棘轮由于间歇运动而产生的单向传动的作用，也是它被广泛运用的方面。如图 9-17 所示是棘轮扳手及其内部结构。棘轮扳手是利用双向外接齿式棘轮机构进行设计的，主要由扳手头、棘轮、棘爪、弹簧、凸轮、方向拨钮等组成。扳手头部为腔体结构，内部容纳 1 个棘轮、2 个棘爪、2 个弹簧和 1 个凸轮。方向拨钮连接凸轮，拨动拨钮旋转凸轮以旋转左侧或者右侧棘爪使其处于工作状态，实现扳手工作方向的选择。棘轮轴卡接套筒，套筒又卡接批头，使棘轮轴、套筒、批头成为一个共同运动的整体。

棘轮扳手采用往复摆动式手动扳转螺母（螺钉）。如图 9-17（b）所示状态，左侧的棘爪与棘轮配合工作。

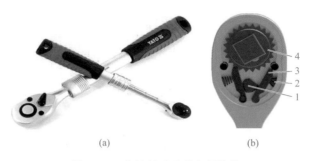

图 9-17　棘轮扳手及其内部结构

1—凸轮；2—弹簧；3—棘爪；4—棘轮

顺时针转动扳手手柄，左侧棘爪卡住棘轮一同旋转，带动批头旋转，完成螺母（螺钉）拧紧或松开。逆时针转动扳手手柄，左侧棘爪顺着棘轮弧面滑过，不能带动批头旋转，形成手柄的空转。因此，实现了扳手手柄的往复摆动到批头的间歇定向转动的转换。

若逆时针扳动凸轮 1，完成左侧棘爪的分离和右侧棘爪的啮合，则实现与左侧棘爪和棘轮啮合时的相反方向的批头的间歇定向转动。读者可自行分析该工作过程。

这种单向转动的棘轮结构也经常用在折叠床、折叠沙发、汽车座椅等产品中角度的调整。

（4）单向移动产品

棘条和棘爪之间的单向移动特征也经常被用在产品设计中。

如图 9-18 所示为美工刀进刀机构示意，主要由棘条 1、棘爪 2、定位滑块 3 等组成。当定位滑块 3 位于如图 9-18（a）所示的棘爪 2 的上方位置时，棘爪处于具有弹性的悬臂状态，推拉进刀按钮，棘爪弹性收缩而跨越棘条上的棘齿，实现刀片的进出；当定位滑块处于如图 9-18（b）所示的棘爪 2 的下方位置时，两个悬臂棘爪被顶着，不能再进行弹性收缩，也就不能再跨越棘齿，实现了位置固定。

如图 9-19 所示是手摇式起重器，主要由驱动棘爪 1、棘条 2、止回棘爪 3 等组成。每下压手柄一次，其端部的棘爪顶起重物一个齿距；松开后，安装在下部的止回棘爪可防止重物回落。该起重器将省力杠杆的往复摆动转换为重物的间歇直线运动。

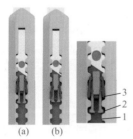

图 9-18　美工刀进刀机构示意

1—棘条；2—棘爪；3—定位滑块

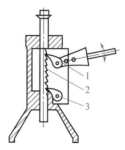

图 9-19　手摇起重器

1—驱动棘爪；2—棘条；3—止回棘爪

/ 9.2 / 槽轮机构

9.2.1　槽轮机构的基本组成与工作原理

　　如图 9-20 所示，槽轮机构主要由槽轮 1、装有圆销的拨盘（转臂）2 和机架组成。拨盘（转臂）一般为主动件，做等速连续转动，带动槽轮做间歇转动。槽轮机构的基本结构形式可分为外槽轮机构和内槽轮机构两种。

　　拨盘 2 连续转动，当拨盘的圆柱销未进入槽轮径向槽时，槽轮保持静止不动；当拨盘的圆柱销进入槽轮径向槽时，槽轮受圆柱销驱动而转动；当圆柱销退出径向槽时，槽轮再次停止转动。依次反复，由拨盘的连续转动转换成槽轮的周期性间歇转动。

图 9-20　槽轮机构的组成
1—槽轮；2—拨盘

9.2.2　槽轮机构的分类

　　常用槽轮机构主要分为外槽轮、内槽轮、槽条和球形槽轮等形式。槽轮机构的图样与名称如表 9-2 所示。

表 9-2　槽轮机构的图样与名称

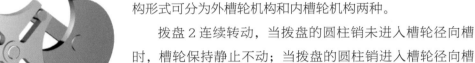

图样					
名称	单圆销外槽轮	双圆销外槽轮	内槽轮	槽条	球形槽轮

9.2.3　槽轮机构的应用

　　如图 9-21 所示为电影放映机的卷片机构，它利用槽轮机构使电影胶片每转过一个画面停留一定的时间，从而满足人眼"视觉暂留现象"的要求。

　　如图 9-22 所示为六工位刀架转位机构，主要由拨盘 1、槽轮 2 和刀架 3 等组成。刀架上装有 6 种可以变化的刀具，槽轮上开有 6 个径向槽，圆柱销进、出槽轮一次，推动槽轮旋转 60°，如此可以间歇地将下一步需要的刀具依次转换到工作位置上。

　　如图 9-23 所示为食品自动灌装机上的槽轮机构，主要由槽轮 1、拨盘 2、输送带 4、工作台 5 等组成。工作台 5 与槽轮 1 装于同一轴上，拨盘 2 拨动槽轮 1，从而带动工作台 5 做间歇转动。当工作台停歇时，对罐体进行灌装、贴锡纸、压平锡纸和盖合等工艺动作，最后由输送带 4 将食品罐 3 运走。

  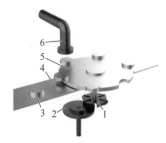

图 9-21　电影放映机的　　　　图 9-22　六工位刀架　　　　图 9-23　食品自动灌装机上的
　　　　卷片机构　　　　　　　　　　转位机构　　　　　　　　　槽轮机构

1—拨轮；2—槽轮；3—胶片　　　1—拨盘；2—槽轮；3—刀架　　　1—槽轮；2—拨盘；3—食品罐；

　　　　　　　　　　　　　　　　　　　　　　　　　　　　4—输送带；5—工作台；6—灌装筒

/ 9.3 / 不完全齿轮机构

9.3.1　不完全齿轮机构的工作原理

不完全齿轮机构是由普通齿轮机构演变成的间歇运动机构，它的主动轮上只有一个或几个齿，其余部分为锁止弧面，从动轮沿圆周布满轮齿，并由几段锁止圆弧分割成数段。当主动轮等速连续转动时，从动轮做间歇转动。

如图 9-24 所示为外啮合不完全齿轮机构。外啮合不完全齿轮传动机构中两轮的转向相反。当主动轮 1 与从动轮 2 的轮齿啮合时，推动从动轮转动；当两轮的轮齿脱离啮合后，主动轮 1 上的锁止弧 S_1 与从动轮 2 上的锁止弧 S_2 相互配合锁住，使从动轮平稳地停住。因此，在主动轮连续转动时，从动轮做间歇转动。

不完全齿轮机构还有内啮合不完全齿轮机构和不完全齿轮齿条机构。如图 9-25 所示为内啮合不完全齿轮机构，其主动轮和从动轮的转向相同。

如图 9-26 所示为不完全齿轮齿条机构，当不完全齿轮 1 顺时针转动时，齿轮轮齿与齿条 2 上部的齿条 A 的齿相啮合，从而使齿条 2 向右移动；当不完全齿轮 1 的轮齿与齿条 A 部分脱开时，齿条 2 停止不动；当不完全齿轮 1 的轮齿与齿条 2 下部的齿条 B 的齿啮合时，又带动齿条 2 向左移动。如此反复，不完全齿轮 1 交替地与齿条 A、B 的齿相啮合，从而使齿条 2 做往复的间歇运动。

不完全齿轮齿条机构还有如图 9-27 所示的单齿条式往复移动间歇机构。当不完全齿轮 1 做顺时针转动时，与不完全齿轮 3 啮合，不完全齿轮 3 又与齿条 2 啮合，从而带动齿条 2 向左移动。当不完全齿轮 1 的轮齿 A 部分与不完全齿轮 3 脱开时，齿条停止移动。

待不完全齿轮 1 的轮齿 B 部分转入和齿条 2 啮合时，从而带动齿条 2 向右移动，直到不完全齿轮 1 的轮齿 B 与齿条 2 脱开，齿条 2 又停止移动。

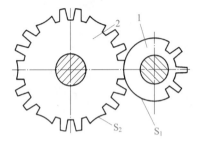

图 9-24　外啮合不完全齿轮机构

1—主动轮；2—从动轮

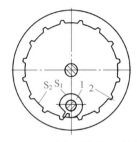

图 9-25　内啮合不完全齿轮机构

1—主动轮；2—从动轮

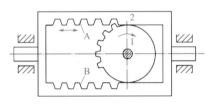

图 9-26　不完全齿轮齿条机构

1—不完全齿轮；2—齿条

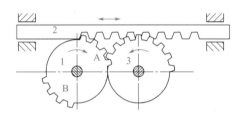

图 9-27　单齿条式往复移动间歇机构

1，3—不完全齿轮；2—齿条

9.3.2　不完全齿轮机构的应用

如图 9-28 所示为采用不完全齿轮的工作台转位机构。

图 9-28　采用不完全齿轮的工作台
转位机构

1—主动轴；2—主动不完全齿轮；

3—工作台；4—从动不完全齿轮；5—从动轴

如图 9-29 所示为采用不完全齿轮齿条设计的夹持机构，齿条 1 为主动件，两侧的扇形齿轮 2 为从动件。当齿条向后拉时，两个扇形齿轮向里转动，夹紧重物；当齿条向前推进时，两个扇形齿轮向外转动，松开重物。

如图 9-30 所示为利用不完全齿轮设计的周期性往复回转机构，主要由主动轴 1、扇形齿轮（2、8）、齿轮（3、5、6）、输出轴 4 和传动轴 7 等组成。主动轴 1 上装有两个不完全齿轮 2 和 8；输出轴 4 上安装了齿轮 3 和 5；传动轴 7 上安装了齿轮 6；齿轮 5 和 6 啮合。

周期性往复回转机构的运动过程如下。

① 主动轴 1 连续回转，当扇形齿轮 2 的轮齿与齿轮 3 啮合时，扇形齿轮 8 与齿轮 6 脱离，此时，扇形齿轮 2 带动齿轮 3 转动，输出轴 4 转动方向与主动轴转向相反。

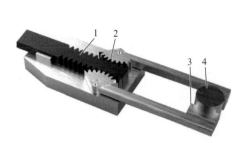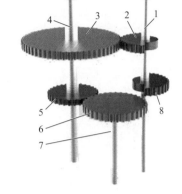

图 9-29　采用不完全齿轮齿条设计的　　图 9-30　利用不完全齿轮设计的周期性往复回转机构
　　　　　夹持机构　　　　　　　　　　　　1—主动轴；2, 8—扇形齿轮；3, 5, 6—齿轮；
1—齿条；2—扇形齿轮；3—夹头；4—工件　　　　　　4—输出轴；7—传动轴

②当扇形齿轮 2 的轮齿脱离了齿轮 3，而扇形齿轮 8 的轮齿还未与齿轮 6 啮合时，输出轴 4 停止转动。

③当扇形齿轮 8 的轮齿与齿轮 6 啮合时，扇形齿轮 2 的轮齿与齿轮 3 脱离，此时，扇形齿轮 8 转动→齿轮 6 转动→齿轮 5 转动，输出轴 4 转动方向与主动轴转向相同。

因此主动轴 1 的连续转动变换成从动输出轴 4 的正转、停止、反转周期性往复回转。

【思考与练习】

1. 产品收集：针对棘轮机构、槽轮机构、不完全齿轮机构进行产品收集，每种机构收集 3 种产品，并对其进行简要说明。

2. 说明超越离合器的工作原理，收集 5 种采用该机构的产品，并对其进行运动分析。

3. 收集 5 种以上夹持机构，任何原理的夹持机构都可以，并对它们的工作原理进行分析比较。

4. 产品创新设计：根据间歇的特点，进行产品（机构）创新设计，对设计进行详细说明，绘制机构运动简图并进行计算机建模。

第 10 章
/ 螺旋机构

/ 知识体系图

/ 学习目标

知识目标

1. 掌握各螺旋机构的组成和特点。

2. 了解各螺旋机构的产品设计应用。

技能目标

1. 分析螺旋机构在实际产品中的功能。

2. 利用螺旋机构进行产品创新思考与设计。

/ 10.1 / 螺旋机构的组成与工作原理

螺旋机构是利用螺杆和螺母组成的螺旋副来实现传动要求的。如图 10-1 所示，螺旋机构通常由螺杆 2、螺母 3、机架 1 及其他附件组成。它主要用于将回转运动变为直线运动或将直线运动变为回转运动，同时传递运动或动力，应用十分广泛。

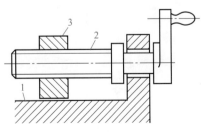

图 10-1　螺旋机构的组成

1—机架；2—螺杆；3—螺母

/ 10.2 / 螺旋机构的分类与应用

螺旋机构按其运动形式可分为两类：变回转运动为直线运动、变直线运动为回转运动。

10.2.1　变回转运动为直线运动的螺旋机构

根据螺杆和螺母的相对运动关系，变回转运动为直线运动的螺旋机构主要分为四种方式：螺杆旋转，螺母移动；螺母旋转，螺杆移动；螺杆旋转并移动，螺母固定；螺母旋转并移动，螺杆固定。四种方式中，无论哪种方式，做旋转运动的构件是原动件，做直线运动的构件是从动件。

（1）螺杆旋转，螺母移动

该机构将螺杆的旋转运动变成螺母的直线运动。螺杆相对于机架只做转动，螺母相对于机架只做移动。

如图10-2所示为台钳，主要由活动钳口1、螺杆2、固定钳口3、手柄4、机架5等组成。活动钳口1中加工有内螺纹孔，当旋转手柄4时，手柄带动螺杆2转动，螺杆带动活动钳口1沿导轨6做直线移动，从而实现对工件的夹紧。

如图10-3所示为固体胶棒及内部出胶机构示意，其出胶机构主要由胶托2（相当于螺母）、螺杆1、出胶旋钮3组成。旋转出胶旋钮3，带动螺杆1转动，进而使胶托直线移动，完成出胶和回收的功能。

如图10-4所示为螺杆块式制动器，主要由螺杆1、螺母2和3、摇杆4和5组成。螺杆左右两侧的螺纹旋向相反，并分别与螺母2和3配合。因为两侧螺纹旋向相反，在转动螺杆时，螺母2和3向相反的方向做直线移动，进而带动摇杆4和5同时向内或向外旋转，实现制动和松开的功能。

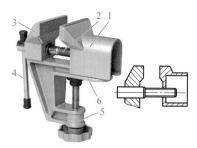

图10-2　台钳
1—活动钳口；2—螺杆；3—固定钳口；
4—手柄；5—机架；6—导轨

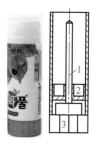

图10-3　固体胶棒及内部出胶
机构示意
1—螺杆；2—螺母；3—出胶旋钮

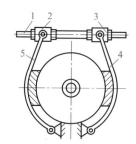

图10-4　螺杆块式制动器
1—螺杆；2，3—螺母；
4，5—摇杆

如图 10-5 所示为蝴蝶膨胀管及其应用，由螺钉和膨胀管组成。蝴蝶膨胀管应用于空心板、石棉板、装饰木板时，其特有的三角形设计，大大增加了受力面积，使其固定更加牢固，承载能力更高。其工作原理也是由螺钉的旋转运动变为螺母的直线移动，从而起到收缩膨胀管以固定安装件的作用。

蝴蝶膨胀管的具体安装过程如图 10-6 所示。

图 10-5　蝴蝶膨胀管及其应用
1—螺钉；2—膨胀管

图 10-6　蝴蝶膨胀管安装过程

第一步：将膨胀管放入安装孔内，并用手锤将其完全敲入。

第二步：将螺钉穿过安装件并拧入膨胀管，直至拧紧，完成安装。

如图 10-7 所示为压榨机构示意，主要由螺杆 1、螺母 2 和 3、连杆 4 和 5、压板 6 组成。螺杆两头的两组螺纹和螺母旋向相反，一组是左旋，另一组是右旋；旋转手柄，带动螺杆 1 转动，螺母 2 和 3 做相向运动，同时向内侧或外侧移动；螺母 2 和 3 带动连杆 4 和 5 左右摆动，进而带动压板 6 升降，实现压榨功能。

与"螺杆旋转，螺母移动"相似的产品有一类是只有螺杆，没有螺母的机构。该机构依靠螺杆的转动，利用螺旋面推动介质或物料移动，实现由螺杆的转动到从动物体的移动。该类机构有螺旋推进机构、螺旋送进机构等。

利用螺旋面推进的典型产品有船舶和飞机的螺旋桨、风扇的扇叶等。利用螺杆旋转进行送料的机构有注塑机送料机构、榨汁机送料机构、粉碎机送料机构、弹簧式自动售货机出货机构等。

如图 10-8 所示为中国传统玩具竹蜻蜓。竹蜻蜓又叫飞螺旋和"中国陀螺"，是中国古老的玩具，它由一块竹片和一根竹棍组成，竹片像螺旋桨，也似蜻蜓的一对翅膀。竹片的中间有一个小孔，插上竹棍后固定，用两手搓转竹棍，竹蜻蜓便会旋转飞上天，当升力减弱时才回落到地面。

它是中国古代一个很精妙的小发明，这种简单而神奇的玩具，曾令西方传教士惊叹不已，将其称为"中国螺旋"。20 世纪 30 年代，德国人根据"中国螺旋"的形状和原理发明了直升机上的螺旋桨。现代直升机尽管比竹蜻蜓复杂千万倍，但其飞行原理却与竹蜻蜓有相似之处。现代直升机的旋翼就好比竹蜻蜓的叶片，旋翼轴就像竹蜻蜓的竹棍，带动旋翼的发动机就好比用力搓竹棍的双手。竹蜻蜓的叶片前面圆钝，后面尖锐，上表面比较圆拱，下表面比较平直。用手搓动竹棍，当气流经过圆拱的上表面时，其流速快而压力小；当气流经过平直的下表面时，其流速慢而压力大。于是上下表面之间形成了一个压力差，便产生了向上的升力。

　　如图 10-9 所示的风力发电机则是采用风力推动螺旋桨转动进行发电的。此处的螺旋桨既是从动件也是原动件。相对于风来说，螺旋桨是从动件，在风的推动下旋转；相对于发电机自身来说，螺旋桨又属于原动件，它的旋转带动发电机转子旋转，从而实现发电的功能。

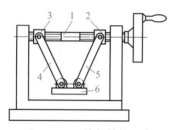  

图 10-7　压榨机结构示意　　　图 10-8　中国传统玩具竹蜻蜓　　图 10-9　风力发电机
1—螺杆；2，3—螺母；4，5—连杆；6—压板

　　如图 10-10 所示为船外机，主要由动力头 1、齿轮箱 2 和螺旋桨 3 组成。动力头是船外机的"动力心脏"，实际上就是一个完整的内燃机。齿轮箱位于动力头的下方，负责将动力传递至推进器，并且提供一个减速比。因为内燃机的转速太高而扭矩较小，不适合船舶推进，所以需要齿轮箱来降转速、提扭矩。推进器其实就是螺旋桨。螺旋桨最基本的指标是螺距，螺距的定义是在假设没有滑脱的情况下，螺旋桨旋转一圈前进的距离。螺距大，螺旋桨需要的推力就大，每转动一圈前进的距离长；螺距小，需要的推力小，但每转动一圈前进的距离也短。

　　如图 10-11 所示为水力发电设置中的一种贯流式水轮机，它是水力发电的核心设备。通过水流冲击，推动贯流式水轮机旋转，带动发电机转子转动，实现发电功能。

　　螺旋榨汁机是利用一个或两个在机筒内旋转的变螺距螺杆来输送果料，通过螺距变化和出口阻力调整而使机筒内在输送果料过程中产生压力。如图 10-12 所示为手摇式榨汁机，主要由底座 9、挤压筒 7、螺杆 4、榨汁头 3 组成。挤压筒 7 和榨汁头 3 组成了挤压腔，螺杆 4 在挤压腔内部中间位置；沿着出料口的方向螺杆半径逐渐增大而螺距逐渐减小，所以挤压空间也越来越小。当旋转手柄时，同步旋转的螺杆在输送果料的同时，对果料进行挤压，实现榨汁。

　　如图 10-13 所示为料理机及其组成部件，主要由机身 1、螺杆 4、十字刀片 7、出肉板 8、螺母 9 和手柄 2 等组成。螺杆置于机身内部，尾部固接了手柄，头部固接了十字刀片；出肉板 8 用螺母 9 固定在机身前端。当转动手柄时，螺杆带动前端的十字刀片一同旋转，将食料不断向前推进，并由旋转的十字刀片进行切割搅碎，再由出肉板挤出。

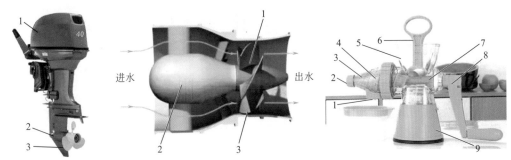

图 10-10 船外机

1—动力头；2—齿轮箱；

3—螺旋桨

图 10-11 贯流式水轮机

1—贯流式转轮；2—发动机；

3—转轮室

图 10-12 手摇式榨汁机

1—果汁口；2—果渣口；3—榨汁头；

4—螺杆；5—料斗；6—推料棒；

7—挤压筒；8—扳手；9—底座

如图 10-14 所示为弹簧式自动售货机。其出货装置是根据螺旋弹簧的旋转可产生轴向推力而设计的。弹簧的主要作用是为商品出货提供推力和轨道。将商品放在弹簧两圈之间，弹簧的一端连接电动机以驱动旋转弹簧，使整个货道上的商品发生位移，推送最前端的商品掉落出货，而第二位置的商品则成为下次出货的第一个商品。

图 10-13 料理机及其组成部件

1—机身；2—手柄；3—固定夹；4—螺杆；5—灌肠器；6—固定螺栓；

7—十字刀片；8—出肉板；9—螺母

图 10-14 弹簧式自动售货机

（2）螺母旋转，螺杆移动

如图 10-15 所示为开瓶器，主要由机架 1、螺杆 3、三角扣 4 和横杆 5 组成。螺杆 3 下端加工有螺旋钻 2。机架 1 上部和横杆 5 中部都加工有内螺纹。三角扣 4 的作用是锁死与解锁横杆 5 和螺杆 3 的相对转动。当将螺杆和三角扣转至螺杆顶部时，旋转掰下三角扣，使其上通孔与螺杆错开，三角扣的上壁顶住顶部，阻止螺杆旋出三角扣，锁死两者间的相对转动；若将三角扣掰起，使其通孔正对横杆螺纹孔，螺杆可从通孔穿过，横杆和螺杆即可自由相互转动。

开瓶过程如图 10-16 所示。

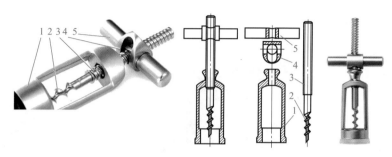

图 10-15　开瓶器

1—机架；2—螺旋钻；3—螺杆；4—三角扣；5—横杆

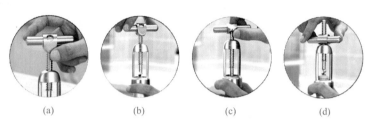

图 10-16　开瓶过程

第一步：将横杆和三角扣旋至螺杆顶部，掰下三角扣，卡住螺杆顶端。

第二步：顺时针旋转横杆，带动螺杆底部的螺旋钻向下钻入红酒软木塞内。

第三步：扳起三角扣，使其通孔与螺杆相通。

第四步：顺时针旋转横杆，螺杆向上移动，拔出红酒软木塞。

如图 10-17 所示为膨胀螺栓，由螺杆 1、膨胀管 2、平垫圈 3、弹簧垫圈 4 和螺母 5 组成。平垫圈起到增大接触面积、保护工件表面的作用；弹簧垫圈起到放松的作用。其工作原理也是螺母旋转，螺杆移动。将膨胀螺栓置入墙体安装孔中，并用手锤将其敲紧；用扳手旋动六角螺母，螺杆移动，螺杆的锥形尾部将膨胀管撑开固定在墙体上。

如图 10-18 所示为花篮螺栓，也称为紧线扣，常用于拉紧钢丝绳，并起到调节松紧的作用。它由左旋和右旋的调节螺杆及螺母组成。使用时，先将左右两端的调节螺杆旋出适当距离，再将其与钢丝绳连接并预拉紧钢丝绳，旋转中间螺母，两端调节螺杆向内侧移动，再次拉紧钢丝绳。

图 10-17　膨胀螺栓

1—螺杆；2—膨胀管；3—平垫圈；4—弹簧垫圈；5—螺母

图 10-18　花篮螺栓

如图 10-19 所示的螺旋升降机（又称丝杠升降机）由蜗杆 1、蜗轮 2、轴承 3、衬套（螺母）4、螺杆 5、箱体等零部件组成。其工作原理为：电动机或者手动驱动蜗杆旋转，蜗杆驱动蜗轮减速旋转，蜗轮内腔与衬套（螺母）固接，驱动螺杆上下移动。通过内部蜗轮、蜗杆和丝杠共同的减速作用，实现了放大推力的作用。

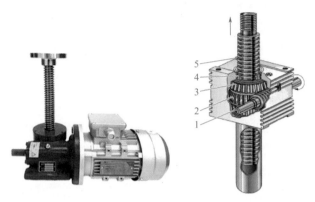

图 10-19 螺旋升降机
1—蜗杆；2—蜗轮；3—轴承；4—衬套（螺母）；5—螺杆

如图 10-20 所示为多台联动螺旋升降平台，它是将电动机、减速机、转向器、丝杠升降机通过联轴器、传动轴等巧妙组合在一起的机电一体化运动执行单元。它可以实现丝杆升降机的多台联动使用，能够达到多台稳定、同步、往复升降的要求，也可以实现翻转运动，从而可以在多种场合取代传统的液压及气动传动。这种以蜗轮丝杆升降机为主的运动单元，为当今走入数字化时代的工程师们研发产品提供更广阔的实际空间，被广泛应用于太阳能、冶金、食品、水利等多个行业。

图 10-20 多台联动螺旋升降平台
1—升降机；2—联轴器；3—转动轴；4—转向器；5—电动机

丝杠升降机也可以设计成"螺栓旋转，螺母移动"的方式。如图 10-21 所示，将螺杆与涡轮轴向连接，电动机转动，带动蜗杆转动，蜗杆带动涡轮和螺杆一起转动，螺杆驱动螺母移动。

图 10-21　丝杠升降机及多机联动平台

（3）螺杆旋转并移动，螺母固定

如图 10-22 所示为二爪拉马，它是机械维修中经常使用的工具，主要用于将损坏的轴承从轴上沿轴向拆卸下来，可用作内部或外部的拉拔器，主要由横梁、拉脚和螺杆组成。工作时，穿在横梁两侧的拉脚勾住被拔轮的外缘，螺杆顶住轴心，旋转螺杆，螺杆下移，将轮子拔出。如图 10-23 所示的螺旋升降凳也是利用"螺杆旋转并移动，螺母固定"的方式设计的。

（4）螺母旋转并移动，螺杆固定

如图 10-24 所示为伸缩杆锁止机构，由锁套 1、锁扣 2、束套 3、外杆 4 和内杆 5 组成。束套与锁扣固接；锁扣的下端为外螺纹（螺杆），上端呈锥面且开有通槽，形成锁扣富有弹性的爪牙；锁套内侧呈锥面，下端加工有内螺纹，与锁扣外螺纹配合。束套固定在外杆上，锁套套在锁扣上，将内杆通过锁套、锁扣插入外杆中；调整到合适长度，顺时针旋转锁套，锁套下移，其内侧锥面收缩锁扣爪牙锥面而"抱紧"内杆，实现内外杆的锁止。伸缩杆外锁止机构原理是，锁套（螺母）在外杆外部，锁扣（中空螺杆）包裹着内杆，锁套的旋转收紧锁扣，使锁扣"抱紧"内杆外壁实现锁止。

图 10-22　二爪拉马

图 10-23　螺旋升降凳

图 10-24　伸缩杆锁止机构
1—锁套；2—锁扣；3—束套；4—外杆；5—内杆

伸缩杆的内锁止机构，螺杆固接在内杆上，螺杆前端套有锁套，锁套开有通槽锥面螺母，将螺杆和锁套放入外杆内部，螺杆旋转前移将锁套撑开，贴紧外杆内壁而实现锁止。

与以上两种锁止夹紧相似的机构还有各种夹头，如图 10-25~ 图 10-28 所示。

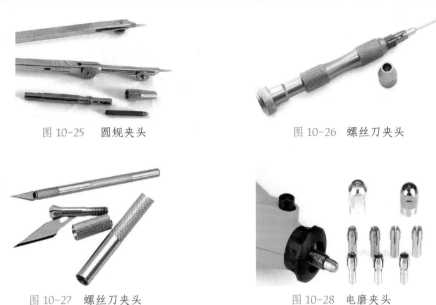

图 10-25　圆规夹头　　　　　　　　　图 10-26　螺丝刀夹头

图 10-27　螺丝刀夹头　　　　　　　　图 10-28　电磨夹头

10.2.2　变直线运动为回转运动的螺旋机构

对于升角很大的螺旋机构，当其反行程不自锁时，可实现将移动变为转动。

如图 10-29 所示为儿童玩具手推飞碟，由推杆（螺杆）、推套和飞碟（螺母）组成。

玩法：把推套先套进推柄，再把飞碟从中心套进推柄，直到推柄底部，手捏推套，用力往上推，飞碟会旋转飞上天空。

原理：推杆是升角很大的螺杆，飞碟中心是与推杆相匹配的同升角的内螺纹，因此，飞碟不会在推杆上形成自锁，而会自动螺旋下落。用推套推动飞碟（螺母），迫使飞碟在推杆上螺旋前进，旋转的叶片将空气向下推，形成一股强风，而空气也给飞碟一股向上的反作用升力，推动飞碟飞上天空。

如图 10-30 所示为旋转拖把及其杆芯。旋转拖把的工作原理为通过旋转产生离心力。旋转拖把将手的往复运动转换成了拖把头的旋转运动。通过旋转产生的离心力的原理，利用一点人力就使拖把像在洗衣机里甩干的效果一样。旋转拖把的杆芯主要由大升角的螺杆和转动环（螺母）组成。螺杆固接在上杆上，转动环固接在下杆上，往复推拉拖把上杆，带动螺杆上下往复移动，驱动转动环转动，带动拖布头旋转甩干。因为螺纹升角很大，不存在自锁，螺杆的返回不影响螺母的转向，所以上杆做往复运动，下杆带拖把头做单方向连续旋转。

图 10-29　手推飞碟

图 10-30　旋转拖把及其杆芯

【思考与练习】

1. 产品收集：根据螺旋传动由直线运动变旋转运动和由旋转运动变直线运动两种形式进行产品收集，每种机构收集 3 种产品，并对其进行简要说明。

2. 实际产品拆装与建模：选择螺杆粉碎机、螺杆榨汁机、螺杆自动售货机等产品进行拆装、绘制、计算机建模。

3. 收集各类红酒开瓶器，并对其进行结构、运动分析与比较，配以简要说明。

4. 收集各类拖把，并对其进行结构、运动分析与比较，配以简要说明。

5. 收集各类伸缩杆锁止机构，并对其进行结构分析与比较，配以简要说明。

6. 产品创新设计：根据螺旋机构的特点，进行产品（机构）创新设计，对设计进行详细说明，绘制机构运动简图并进行计算机建模。

第11章
/ 综合案例分析

/ 知识体系图

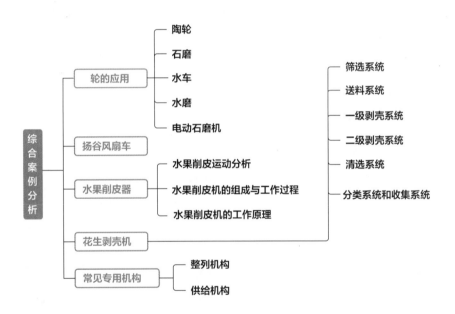

/ 学习目标

知识目标

1. 了解典型产品中运动机构的工作原理。

2. 了解不同运动机构在产品设计中的综合应用。

技能目标

1. 具备分析产品整机运动机构工作原理的能力。

2. 综合利用各运动机构以及多种运动机构的直接配合进行产品创新思考与设计。

/ 11.1 / 轮的应用

轮子是用不同材料制成的圆形滚动物体。简单来说，它包括轮子的外圈、与外圈相连接的辐条和中心轴。透过滚动，轮子可以大大减少与接触面的摩擦系数。如果配上轴，即成为车的最主要构成部分。轮子在交通运输中非常有用，是人类的重要发明之一。

11.1.1 陶轮

车轮的前身是制陶用的陶轮，古人用它可以成批制作陶器。制作陶器的时候，为了能让陶器造型圆润规整，需要不时旋转陶坯。智慧的古人发明了可以带动陶坯旋转的陶轮。陶轮也叫陶车，最简单的陶轮只需一对盘形的车轮，轮盘之间装一根轴，轴直立竖放；陶轮的轮盘是用树木制成的，在底面中心部位开有一个方形凹槽，槽内插入木棍，木棍另一端与底座相连，底座是倒置的圆锥体，尖锥楔入地下。为了方便操作，先要挖一个大小适宜的圆坑，将陶轮安置其中，一般轮盘高出地面以便操作。一切安置停顿后，陶工坐在地上，一边用脚拨动轮体，一边用手将柔软的黏土置于上面的轮盘中，塑捏成型。

如图 11-1 所示为陶轮拉坯。制陶人坐在车架一边，面向轮盘，两腿分别放置在轮盘两侧的木棍上，制陶人与陶轮及其运动之间形成良好的空间状态，手臂活动区域广而灵活，无论是用竹杖拨车使其旋转还是拉制坯体，均可最大限度发挥臂力与指力。并且两膝可以顶住两肘，能稳定手臂，可防止由于手臂抖动而出现的坯体不规整。后来陶轮又发展出了如图 11-2 所示的脚踏式陶轮、如图 11-3 所示的脚蹬式陶轮和如图 11-4 所示的电动拉坯机。

图 11-1　陶轮拉坯

图 11-2　脚踏式陶轮

1—驱动轮；2—曲轴（曲柄）；3—连杆；
4—摇杆（踏板）；5—立轴；6—转盘

图 11-3　脚蹬式陶轮

1, 6—链轮；2—脚蹬；3—链条；4—立柱；5, 7—锥齿轮；8—坐凳；9—转盘

如图 11-2 所示的脚踏式陶轮采用了曲柄摇杆机构，主要由驱动轮 1、曲轴（曲柄）2、连杆 3、摇杆（踏板）4、立轴 5 和转盘 6 组成。其中立轴 5 和曲轴 2 为同一个零件，只是

在立轴上弯出了一个起到曲柄作用的曲轴。该陶轮可以采用两种方式驱动工作台旋转。第一种方式是直接旋转驱动轮 1，带动立轴旋转，进而带动工作台旋转。第二种方式是往复踏动摇杆（踏板），带动连杆 2 做平面运动，曲轴（曲柄）做旋转运动，带动转盘旋转。

如图 11-3 所示的脚蹬式陶轮主要由链轮 1 和 6、脚蹬 2、链条 3、立柱 4、锥齿轮 5 和 7、坐凳 8 和转盘 9 组成。制陶人坐在坐凳上，踩着脚蹬带动链轮 1 转动，带动链轮 6 转动，带动锥齿轮 7 转动，带动锥齿轮 5 转动，带动立轴和转盘转动。

如图 11-4 所示为电动拉坯机及其棘轮传动示意。电动拉坯机主要由机体外壳、外壳托座、链条、链轮、棘轮、转盘、电动机、无级调速器等组成。其传动顺序为：电动机带动减速器，减速器输出轴连接主动链轮，从动链轮为如图 11-4 所示的棘轮机构，从动链轮连接了立轴，立轴顶端连接了转盘。电动机→减速器→主动链轮→链条→从动链轮→立轴→转盘。

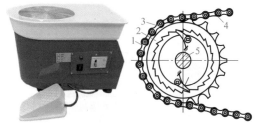

图 11-4　电动拉坯机及其棘轮传动示意

1—棘体；2—棘壳（链轮）；3—棘爪；4—链条；5—立轴

电动拉坯机的工作原理为：当电动机转动时，链条 4 带动棘壳 2 旋转，棘壳 2 上的棘齿与棘体 1 上的棘爪 3 咬合，棘体 1 转动，棘体 1 固接的立轴 5 转动，转盘转动。当电动机停止时，转盘靠惯性转动，带动立轴 5 转动，棘体 1 上的棘爪顺着棘壳 2 上的棘齿斜面滑过，故转盘、立轴和棘体形成一个整体，相对于棘壳继续转动。所以，当电动机转动时，带动转盘转动；当电动机停止时，转盘依靠惯性继续旋转一段时间。这种运动输出方式属于在第 9 章中介绍的超越，即从动件超越原动件。当然，这里的棘轮也可以换成第 9 章所介绍的单向轴承（超越离合器），一样可以实现超越。

有了旋转的陶轮，在器坯上描绘花纹就不太费力了，尤其是画那些长长的线条，就要便捷多了。如果没有陶轮，在器坯上画一圈均匀的平行线，是难之又难的事，人要握着笔边画边绕器物转一圈，任何一点晃动都会失败。而用了陶轮之后，人、手、笔可固定一点不动，只需将陶轮轻轻一转，细致均匀的线条便在顷刻间产生。

11.1.2　石磨

石磨是用人力或畜力把粮食去皮或研磨成粉的石制工具。它的应用在我国有着悠久的历史，是我国古代谷物加工中最重要的工具之一。它可以把豆、麦、米等粮食加工成浆或者粉末。磨的诞生使人们改变了由粒食到面食的传统吃法，这是中华民族饮食史上的一大进步。

如图 11-5 所示，石磨主要由石磨、石磨盘和磨床三部分组成。石磨有两扇，以磨脐为中心，上下磨合。石磨柱面左右侧各凿一个浅孔，装上木橛，套系上绳索，用以固定磨棍，利用杠杆原理推动石磨更加省力。磨盘垫在石磨下，有平面的，也有带圈带槽的。磨床承托着磨盘、磨身，有石墩结构的、砖石堆台结构的、木框结构的等形式。长期使用的石磨，磨床往往是由砖石垒成的台座，承接磨盘时更加结实稳妥。

石磨的工作原理：如图 11-6 所示，石磨和磨台的接触面上都錾有排列整齐的磨齿，用以磨碎粮食。石磨顶面上有一到两个磨眼，以供漏下粮食所用。石磨底面开有上磨孔，磨盘顶面安装有磨脐（铁轴），磨盘固定不动，石磨绕着磨脐转动。谷物从磨眼进入石磨与磨盘之间，推动磨棍，石磨旋转，谷物沿着磨齿向外运移，在滚动过石磨与磨盘接触面的同时被磨碎，形成粉末。

图 11-5　石磨

1—磨床；2—磨盘；3—磨棍；4—石磨；5—木橛

图 11-6　石磨细节结构

1—磨眼；2—上磨孔；3—磨齿；4—磨脐

11.1.3　水车

中国自古就是以农立国，与农业相关的科学技术取得了卓越的成就。水利作为农业中最不可缺的一环，各朝政府虽动员了大量的人力、物力和财力去营建灌溉渠道或是运河等水利工程，但这些渠道大都分布在各大农业区，至于高地、山区或是离水源较远之地，仍是无法顾及。于是智慧的古人发明了另一种"低水高送"的灌溉农具——水车。

水车外形酷似古式车轮。轮辐直径大的 20m 左右，小的也在 10m 以上，可提水高达 15~18m。轮辐中心是木制的轮轴，轮轴支撑着轮辐，并架于车架横梁之上。水车省工、省力、省资金，在古代算是最先进的灌溉工具了。

如图 11-7 所示，水车的主要机构是一个水轮，其工作原理为：在水流较急的岸边打下两个硬木桩 6，用以支撑水车车轮。用竹子制作一个大的水车轮，用木头制作轮轴 5，将轮轴安装在两侧硬木桩的桩叉上。水车轮上半部高出堤

图 11-7　水车

1—竹筒；2—受水板；3—轮辐；

4—水槽；5—轮轴；6—硬木桩

岸，下半部浸在河水中，可绕轮轴自由转动。水车轮周边均匀安装着受水板 2 和倾斜的竹筒 1。水流冲击着受水板，驱使水车轮转动，带动灌满水的竹筒上移，转过轮顶时，筒口向下倾斜，水恰好倒入水槽 4 中，并沿水槽流向田间。

11.1.4　水磨

水车中水轮除了用于取水灌溉之外，还可以用于带动机械做功，如水磨。水轮分为立式水轮和卧式水轮两种。

如图 11-8 所示，水磨主要由上下扇磨盘、转轴、水轮及支架构成。上面的磨盘悬吊于支架上，下面的磨盘安装在转轴上，转轴另一端装有水轮，当水轮转动时，会带动下磨盘的转动，通过下磨盘的转动，达到粉碎谷物的目的。

11.1.5　电动石磨机

如图 11-9 所示为电动石磨机，主要由电动机 1、皮带 2、皮带轮 3、立轴 4、锥齿轮减速器 5 等组成。

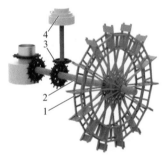

图 11-8　水磨

1—水轮；2—转轴；3—齿轮；4—石磨

图 11-9　电动石磨机

1—电动机；2—皮带；3—皮带轮；4—立轴；
5—锥齿轮减速器；6—轴套；7—方轴

电动石磨机的工作原理为：电动机转动，通过皮带机构将动力输入锥齿轮减速器的输入轴上，通过锥齿轮减速器转化，一方面可以降低电动机输出的转速，获得石磨所需的低转速、大扭矩动力；另一方面由于锥齿轮减速器的输入轴与输出轴垂直，因而通过锥齿轮减速器的转换，获得了石磨所需转向的扭矩动力。减速器输出轴穿过下磨盘，其头部的方轴 7 与上磨盘下表面的方形轴套 6 配合，带动上磨盘旋转，实现研磨功能。

/ 11.2 / 扬谷风扇车

谷物脱粒后，还需将混杂在谷粒中的谷壳、茎叶碎片和尘屑等杂物清除，扬场工具便由此应运而生了。我国是较早使用簸箕或木锹簸扬、借助风力吹掉杂物的国家。后又发明了专门用来清除谷壳等杂物的扬车，也就是现在农村还在使用的风扇车。

风扇车也叫风车、扇车，是专门用来去除谷物中糠秕杂物以清理籽粒的农机具。如图 11-10 所示，扬谷风扇车主要由车架、风扇轮、车斗、净谷出口、秕谷出口和出糠口等组成。物体重量越轻，则会被吹得越远。因此，离风扇轮最近的出口是净谷出口，其次是秕谷出口，最远的是车后的谷糠出口。

扬谷风扇车的工作原理如图 11-11 所示，将脱粒后的谷物盛放在风扇车顶上的车斗内，谷物从车斗中经狭缝徐徐漏入车中；手摇风扇轮轴的曲柄，使扇轮转动而产生风流；最轻的谷糠等杂物被吹得最远，从车后的出糠口吹出；最重的净谷则被吹得最近，落入车底，从净谷出口流出；秕谷则处在谷糠与净谷之间，从秕谷出口流出。

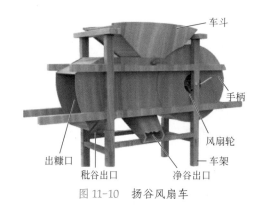

图 11-10　扬谷风扇车

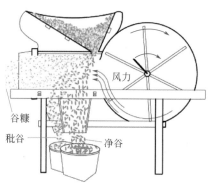

图 11-11　扬谷风扇车的工作原理

风扇车根据重量大小，依靠风力，把杂物、秕谷和净谷分开。

根据物体形状大小进行分离的常用装置是筛网，常用动力形式有振动（如振动筛）和离心力（洗衣机甩干）。

/ 11.3 / 水果削皮器

11.3.1　水果削皮运动分析

如图 11-12 为水果削皮示意，不难看出，若想将水果完全削皮需要两个基本动作：一是水果绕 Z 轴的旋转运动，这个运动保证了对水果的整周削皮；二是刀片紧贴水果表面的绕 X 轴的旋转运动，这个运动保证了对水果的全高度削皮。

对如图 11-13 所示的手摇式水果削皮机进行分析，看看它是如何满足以上两种运动，实现水果完整削皮的。

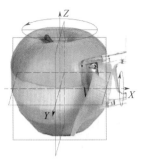

图 11-12 水果削皮示意

图 11-13 水果削皮机

1—手柄；2—曲轴；3—轴齿轮；4，5—双联齿轮；6，7，10—齿轮；
8—果叉；9—刀片

11.3.2 水果削皮机的组成与工作过程

该款削皮机主要由手柄 1、曲轴 2、轴齿轮 3、双联齿轮 4 和 5、齿轮 6 和 7、果叉 8、刀片 9、齿轮 10 等组成。如图 11-14 为其产品分解图。工作过程如图 11-15 所示。

第一步：将水果中心插入水果叉中。

第二步：顺时针旋转手柄，刀片贴紧水果并开始削皮。

第三步：继续旋转手柄，直至果皮完全削完。

第四步：轻按取果扳手，取下水果。

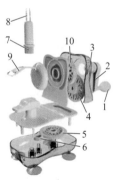

图 11-14 产品分解图

1—手柄；2—曲轴；3—轴齿轮；4，5—双联齿轮；
6，7，10—齿轮；8—果叉；9—刀片

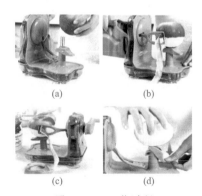

图 11-15 工作过程

11.3.3 水果削皮机的工作原理

如图 11-16 所示为水果削皮机的机构运动简图。如图 11-17 所示为其传动效果图。原动件手柄和曲轴的转动带动轴齿轮 3 旋转，从整个轮系的角度来看，轴齿轮 3 是主动轮。

刀具旋转运动的实现：3→4→4′→10→9。

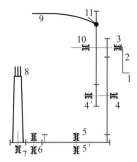

图 11-16　水果削皮机的机构运动简图

1—手柄；2—曲轴；3—轴齿轮；4（4′），5（5′）—双联
齿轮；6，7，10—齿轮；8—果叉；9—刀片；11—扭簧

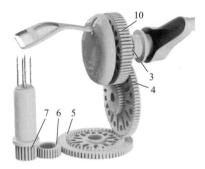

图 11-17　水果削皮机的传动效果

3—轴齿轮；4，5—双联齿轮；6，7，10—齿轮

轴齿轮 3 带动双联齿轮 4（4′）转动。齿轮 4 和齿轮 4′是连成一体的双联齿轮，同时、同向、同速转动。齿轮 4′带动齿轮 10 转动；刀柄铰接在齿轮 10 上，并用扭簧 11 作用其上，使刀片始终贴紧水果表面；齿轮 10 带动刀柄做始终贴紧水果表面的旋转运动。

水果旋转运动的实现：3→4→5→5′→6→7→8。

轴齿轮 3 带动齿轮 4，齿轮 4 带动双联齿轮 5（5′）。端面齿轮 5 和圆柱直齿轮 5′做成了一个整体的双联齿轮。齿轮 4 与端面齿轮 5 啮合，齿轮 4 带动齿轮 5 转动，齿轮 4 的旋转轴是水平的，端面齿轮 5 的旋转轴是竖直的。因此，端面齿轮 5 将齿轮 4 的竖直平面内的旋转运动转换为水平面内的转动。齿轮 5′和齿轮 5 同步转动，齿轮 5 带动齿轮 6 转动，齿轮 6 带动齿轮 7 转动，齿轮 7 带动果叉和水果转动。

从整个运动过程分析来看，两个双联齿轮起到了很关键的作用。双联齿轮 4 实现了一个动力输入，两个运动输出的效果。双联齿轮 5 实现了齿轮旋转平面的转换。

机壳采用 ABS 制造，壳体之间采用弹性卡接和螺钉连接相结合的方式。吸盘式的支脚设计，确保削皮机在工作时能牢牢吸住桌面。

/ 11.4 / 花生剥壳机

如图 11-18 所示为花生剥壳机，主要由筛选系统 1、送料系统 2、一级剥壳系统 3、传动系统 4、二级剥壳系统 5、清选系统 6、分类系统 7、收集系统 8 等组成。花生剥壳机工作流程如图 11-19 所示。

11.4.1　筛选系统

筛选系统对花生进行筛选、分类，将秕果淘汰掉，并将饱满的花生按大小分成两类。筛选系统是含有两层筛网的振动筛（图 11-20）。如图 11-21 所示为振动筛的分解图。振动筛主要由机壳、大筛网、小筛网、加强架、筛箱、弹簧、振动电动机、支撑架、大出料通道、小出料通道等组成。

图 11-18　花生剥壳机

1—筛选系统；2—送料系统；3—一级剥壳系统；4—传动系统；
5—二级剥壳系统；6—清选系统；7—分类系统；8—收集系统

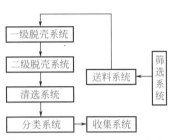

图 11-19　花生剥壳机工作流程

图 11-20　振动筛

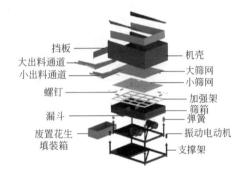

图 11-21　振动筛的分解图

电动机转子平衡量在允许值范围内，电动机运行很正常；当平衡量超出范围值后，就会引起振动，不平衡量越大，振动就越大。振动电动机就是利用这一原理设计制造的。振动筛的主要部件是振动电动机，它是动力源与振动源结合为一体的激振源，在振动电动机转子轴两端各安装一组可调偏心块，利用轴及偏心块高速旋转产生的离心力得到激振力。

振动电动机和弹簧配合，使筛网产生纵向振动，带动花生在筛网上"跳动"。筛网是倾斜的，花生从筛网上方落下，在"跳动"下滚的过程中通过筛网孔进行筛选。筛选系统设有两层筛网，筛选出的大、小花生分别从大小出料通道落入各自送料斗。秕果则落入最下方的废置花生填装箱。

11.4.2　送料系统

如图 11-22 为送料系统，采用气力传输实

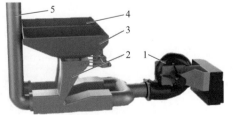

图 11-22　送料系统

1—鼓风机；2—送料器；3—大花生送料斗；
4—小花生送料斗；5—输送管

现花生从低到高的送料过程。送料系统主要由鼓风机1、送料器2、大花生送料斗3、小花生送料斗4、输送管5组成。

11.4.3　一级剥壳系统

如图11-23所示，一级剥壳系统主要由橡胶辊筒1、减振橡胶立板2、减振机构3、支撑板4、丝杠5和手轮6等组成。如图11-24所示为一级剥壳机构。该机构采用弹性材料橡胶和减振机构，减少剥壳过程中对花生的冲击，降低破碎和损伤率。立板与辊筒让花生径向受力，沿结合面裂开，果仁与果壳同时下落。

图11-23　一级剥壳系统

1—橡胶辊筒；2—减振橡胶立板；3—减振机构；
4—支撑板；5—丝杠；6—手轮

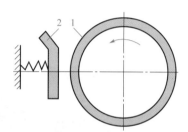

图11-24　一级剥壳机构

1—橡胶辊筒；2—减振橡胶立板鼓风机

为适应多品种花生市场，实现一机多用的功能，采用"丝杠-螺母"机构实现剥壳间距的精准定位与调节。

11.4.4　二级剥壳系统

如图11-25所示，二级剥壳系统是"栅条-刮板"式剥壳机构，主要由刮板、半栅笼、传动机构等组成。

二级剥壳系统有两个作用：一是通过刮板和半栅笼栅条之间的挤压将未完全剥壳的花生荚果进行二次剥壳；二是破碎大的花生壳，形成更小的花生碎壳，使其重量减轻，为下一步的清选工序做准备。

11.4.5　清选系统

如图11-26为清选系统，主要由横流风机和风道组成。

经过两次剥壳的混合物通过半栅笼栅条的间隙落下的同时，遇到横流风机产生的气流，重量轻的碎壳通过风道被从出碎壳口吹走，而重量较大的花生仁则会继续落下，实现花生仁与花生壳的分离。

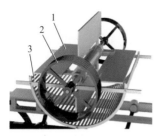

图 11-25 二级剥壳系统

1—刮板；2—半珊笼；3—皮带轮

图 11-26 清选系统

1—横流风机；2—风道；3—出碎壳口

11.4.6 分类系统和收集系统

分级分选是指对已经剥壳后的花生按照尺寸大小进行分级，成为大、中、小三类花生。再次使用振动筛进行花生的分类与收集。

如图 11-27 所示为花生剥壳机整机分解图。

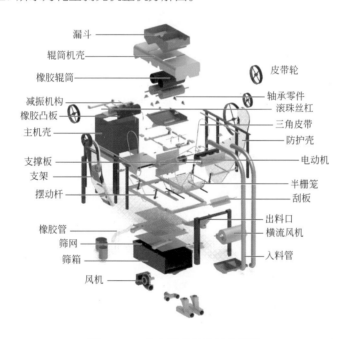

图 11-27 花生剥壳机整机分解图

/ 11.5 / 常见专用机构

11.5.1 整列机构

将杂乱混处在一起的零件按一定要求整理以后往外输送的机构，称为整列机构。

如图 11-28 所示是针对球和短圆柱体零件的往复式整列机构，工作时料斗或管往复运动，工件只能按小于传送管直径尺寸的方向进入传送管，因此起到了整列的功能。

如图 11-29 所示是旋转式整列机构，主要由料斗 1、旋转盘 3、拨板 4 等组成。因为料斗是倾斜的，所以零件会集中在料斗下方。中间旋转盘均布有送料孔，进入送料孔内的零件会一并转动，若零件以"竖立"（轴线与送料孔的轴线平行）的方式进入送料孔，当转至拨板位置时，由于高出拨板而被从孔内拨出再次落入料斗底部；若零件是以"横躺"（轴线与送料孔轴线垂直）的方式进入送料孔，当转至拨板位置时，因低于拨板高度而从其下面通过，进入出料口。

如图 11-30 所示为中心板式整列机构，中心板的顶部可加工成各种剖面形状，以适合零件形状。它可以引导以上两种机构不能引导的较长圆柱体零件。

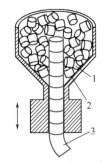 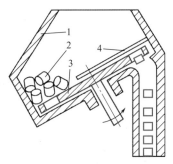 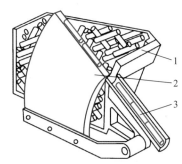

图 11-28 针对球和短圆柱
体零件的往复式整列机构
1—料斗；2—零件；3—传送管

图 11-29 旋转式整列机构
1—料斗；2—零件；
3—旋转盘；4—拨板

图 11-30 中心板式整列机构
1—料斗；2—中心板；3—零件

如图 11-31 所示为拨轮式整列机构，它是扁"凹"字形零件的整列机构：无序的零件经过带齿的转轮的"梳理"，分成有序的两列，每列中的零件均具有相同的朝向。

如图 11-32 所示为旋转托板式整列机构。通过中心旋转托板，从料斗中"钩"起零件进行整列排序。

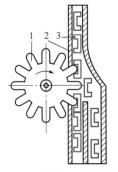 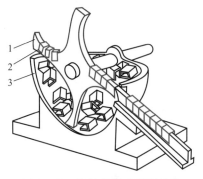

图 11-31 拨轮式整列结构
1—拨轮；2—送料管；3—零件

图 11-32 旋转托板式整列结构
1—托板；2—零件；3—料斗

11.5.2 供给机构

将原材料、毛坯或半成品零件持续向操作位置移送的机构称为供给机构。

如图 11-33 所示为振动式供给机构示意，由料斗、振动器、擒纵鼓轮等组成。振动器使料斗处于适度振动状态，料斗里的零件能不断被抖落进入颈管，然后由慢速转动的擒纵鼓轮周期性地一一输出。

如图 11-34 所示为推杆式供给机构示意，推杆按调定的频率往返运动，每往返一次输出一个零件。

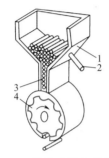

图 11-33　振动式供给机构示意

1—料斗；2—振动器；3—零件；4—擒纵鼓轮

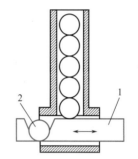

图 11-34　推杆式供给机构示意

1—推杆；2—零件

【思考与练习】

1. 整机拆装分析：选择洗衣机、自行车、电动自行车、吸尘器等产品对其进行整机拆装分析，要求如下。

① 了解并说明产品工作原理，绘制产品工作原理图。

② 分析产品组成，每个部分之间的连接关系，配图说明。

③ 绘制产品机构运动简图，说明传动关系。

④ 对产品零件进行测绘，并手绘产品分解图、零件图。

⑤ 对产品零件进行建模、组装、工作、运动原理展示。

⑥ 提交 PPT、手绘图、建模文件、动画文件。

2. 产品改良设计：选择一款现有产品，挖掘问题，对其进行改良设计，并对设计过程进行详细说明。

3. 产品创新设计：针对具体用户需求，进行产品创新设计，并对设计过程进行详细说明。

参考文献

[1] 院宝湘. 工业设计机械基础 [M]. 北京：机械工业出版社，2008.

[2] 朱金生，凌云. 机械设计实用机构运动仿真图解 [M]. 北京：电子工业出版社，2012.

[3] 孙开元，张丽杰. 常见机构设计及应用图例 [M]. 北京：化学工业出版社，2017.

[4] 刘宝顺. 产品结构设计 [M]. 北京：中国建筑工业出版社，2009.

[5] 缪元吉，张子然，张一. 产品结构设计：解构活动型产品 [M]. 北京：中国轻工业出版社，2017.

[6] 靳桂芳. 机动玩具设计原理与实例 [M]. 北京：化学工业出版社，2005.

[7] 李约瑟. 中国科学技术史（第四卷）：物理学及相关技术　第二分册：机械工程 [M]. 鲍国宝，等译. 北京：科学出版社，1999.

[8] 李立新. 艺术中国：器具卷 [M]. 南京：南京大学出版社，2011.